AF325829

GUIDE

POUR

LA PROFESSION D'AGRICULTEUR.

DU FONDS DE DOUILLIER, A DIJON, 1842.

GUIDE

PROFESSION D'AGRICULTEUR

OU

PRINCIPES GÉNÉRAUX ET FONDAMENTAUX

D'AGRICULTURE ET D'ÉCONOMIE RURALE :

TRAVAIL, CAPITAL, EMPLOI DES CAPITAUX,
PRIX DES PRODUITS, SOL, DOMAINE, ÉNERGIE PRODUCTIVE DU SOL,
ENGRAIS, BÉTAIL, ASSOLEMENTS, TALENT, DIRECTION,
COMPTABILITÉ, INDUSTRIES ACCESSOIRES;

PAR A. THAER.

TRADUIT DE L'ALLEMAND SUR LA DEUXIÈME ÉDITION
PAR J. B. SARRAZIN.

PARIS,
LIBRAIRIE DE Mme VEUVE BOUCHARD-HUZARD,
RUE DE L'ÉPERON, 5.

1859

AVERTISSEMENT DE L'AUTEUR.

Cet ouvrage, selon ma première intention, ne devait avoir pour but que d'offrir à mes auditeurs un canevas des matières à traiter dans le Cours que je professe sur cette partie importante et trop peu appréciée de l'enseignement agricole.

Mais, l'espoir d'être utile m'ayant déterminé à lui donner une plus grande publicité, j'ai senti le besoin d'entourer de détails quelques-uns des Principes généraux dont il était d'abord uniquement composé, afin de faciliter l'intelligence de ces principes, et d'éviter toute apparence de contradiction. Néanmoins, ne voulant pas écrire un livre volumineux, j'ai dû borner mes explications aux *vues neuves et aux objets les moins développés jusqu'à ce jour*, en cherchant à concilier, même dans ces cas, la concision avec la clarté.

Je m'en suis tenu à de courtes indications sur les points qui rentrent dans l'économie politique, ainsi que sur les autres théories assez amplement discutées par les auteurs modernes.

On voudra donc bien excuser, par ce motif, l'inégalité qu'on remarquera sans doute dans le développement des matières.

Les professeurs des sciences économiques accorderont peut-être à ce livre l'honneur de le faire servir de base à une partie de leurs leçons, puisque nous n'avons pas d'autre ouvrage classique sur cette branche de l'enseignement agricole qui soutient toutes les autres en leur prêtant l'appui du raisonnement.

Je puis affirmer d'ailleurs, d'après mon expérience, que CETTE MÉTHODE D'EXPOSITION répand une grande lumière sur les idées, *et que d'excellents agriculteurs lui doivent la marche rationnelle qui assure le succès de leur pratique.*

L'AGRICULTURE

CONSIDÉRÉE

COMME PROFESSION.

INTRODUCTION.

1. L'enseignement de *l'agriculture considérée comme profession* embrasse tout ce qui a rapport à l'industrie agricole envisagée dans son ensemble; il met à même de connaître et d'apprécier les moyens généraux et spéciaux qui, dans des circonstances données, conduisent le plus sûrement et le plus directement au but qu'on se propose en l'exerçant.

2. Cette science, quoique basée sur des raisonnements qui n'ont rien d'empirique, puise néanmoins ses données dans l'expérience ; mais la vérification de ces données appartient à une autre branche de l'enseignement agricole. Elle peut donc être enseignée et apprise comme une *science* dans le sens le plus rigoureux de cette expression.

3. Elle peut aussi être considérée comme une partie essentielle et principale de l'économie politique générale et spéciale; elle a une affinité intime et un rapport constant avec cette science, dont souvent elle développe et justifie les théories, et mérite par conséquent d'être étudiée avec soin par les économistes.

4. L'agriculture, étant une profession, a pour but, comme toute autre industrie, de produire des *bénéfices*.

La production de ces bénéfices étant donc le premier et le principal objet de la science agricole, elle doit indiquer les moyens à employer pour retirer, suivant les circonstances, le plus grand revenu possible des capitaux placés dans l'agriculture.

5. Quelques écrivains, prétendant assigner à l'agriculture un but plus élevé, n'ont pas voulu la considérer comme une profession, mais comme un *devoir civique*, surtout pour la classe des propriétaires. Cette opinion n'est pas plus favorable à la prospérité générale qu'au bien-être individuel.

6. Si, comme nous l'avons remarqué, toutes les professions tendent au même but principal, elles ne diffèrent pas davantage dans leurs éléments de production :

       1° Travail;

       2° Capital ;

       3° Matières premières ou matériel brut ;

       4° Talent.

7. Les *matières premières* de l'industrie agricole consistent dans le sol, ou plutôt dans son énergie productive.

8. On peut supposer entre ces éléments des proportions qui donneraient au tout une perfection absolue; mais, de telles proportions pouvant rarement être obtenues, et nos moyens pour en approcher étant presque toujours trop bornés, nous sommes obligés de nous en tenir à une perfection relative.

9. Le rapport du capital et du travail à l'étendue superficielle du sol détermine la différence entre la culture *intensive* ou *concentrée* et la culture *extensive* ou *étendue*, et la préférence qu'on doit accorder à l'une ou à l'autre.

TRAVAIL.

10. Aucun travail simple (1) n'est aussi richement compensé par les produits, que l'activité matérielle de l'homme appliquée avec intelligence à l'agriculture : en effet, on n'obtient pas ces produits du travail immédiat de l'homme, mais en utilisant et dirigeant les forces créatrices de la nature, dont le contingent reste après le prélèvement de celui du travail. Plus les forces de la nature sont

---

(1) Nous appelons *travail simple* celui auquel l'intelligence a peu de part, et qui n'exige presque aucun apprentissage. (*Note du traducteur.*)

énergiques, plus l'excédant est considérable : aussi,
dans les pays où la main-d'œuvre est peu abondante, on ne l'emploie qu'à la culture des sols les
plus fertiles.

11. La rétribution du travail consiste dans ses
produits ou dans leur valeur, ou bien dans un salaire qui est payé par celui qui retient les produits.
Ce dernier mode de rétribution est le plus ordinaire.

12. Le prix du travail varie, comme celui des
denrées, suivant la proportion de l'offre à la demande.

13. De même que celui des denrées, le prix du
travail tend à baisser lorsqu'il est arrivé à un certain degré, parce qu'alors l'offre s'équilibre avec
la demande : c'est ce qu'on appelle *prix naturel*
ou *prix de revient ;* — c'est le prix auquel on peut
produire la denrée.

Pour le travail, c'est le prix au moyen duquel
un manouvrier peut, sans excéder ses forces, subvenir à ses besoins et à ceux de deux enfants au
moins ; — c'est le prix auquel on peut *produire*
des travailleurs.

14. Le prix du travail a donc un rapport direct
avec celui de l'aliment le plus important et le plus
indispensable, — le *seigle* dans certains pays, et
dans d'autres le *froment ;* — et ce rapport est resté
invariable dans tous les temps et chez tous les peuples dont la constitution civile avait reçu les per-

fectionnements ordinaires, le prix de toutes les
choses nécessaires à la vie du travailleur se maintenant dans un rapport constant avec celui de l'a-
liment indispensable, à l'exception du prix du
combustible, qui, par cette raison, influe aussi sur
le prix du travail.

15. L'offre du travail étant presque toujours plus
abondante et plus pressante que la demande, on
l'obtient, excepté dans quelques cas extraordinai-
rement rares, pour un prix représentant le minimum de ce qui est indispensable à l'entretien de
la vie du travailleur.

16. La plupart des recettes et des dépenses de
l'agriculteur conservant, aussi bien que le salaire
du travail, un rapport plus constant avec la valeur
des céréales qu'avec la valeur nominale de la monnaie, *nous prendrons pour échelle d'appréciation
l'hectolitre de seigle, et pour unité le litre du même
grain* (1), dans les évaluations et les calculs qui
serviront de base ou de développement à nos théories. La réduction en argent pourra se faire, dans
tous les cas, en multipliant le nombre de litres
par le prix moyen de l'unité.

17. Pour les travaux agricoles qui n'exigent ni
apprentissage ni efforts excessivement pénibles,
le salaire d'un homme adulte et robuste varie,

(1) L'auteur avait pris pour échelle le scheffel de
Berlin, qui vaut environ 55 litres, et pour unité le $\frac{1}{24}$ de
cette mesure.   *(Note du traducteur.)*

suivant les pays et les temps, de 9 litres à 15
litres de seigle par jour. Si quelquefois il des-
cend au-dessous ou s'élève au-dessus de ces proportions, des circonstances particulières ne tardent pas à l'y ramener. La journée moyenne et la
plus ordinaire d'un homme peut donc être re-
présentée par 12 litres de seigle. Le minimum de
la journée d'une femme ou d'un homme faible est
de 6 litres, le maximum de 12 litres, et la moyenne
de 9 litres. L'évaluation en argent présenterait des
différences beaucoup plus considérables.

18. Si l'on prend la monnaie pour mesure du
salaire ou du prix des denrées, on remarquera
qu'ils ne varient pas toujours en même temps,
dans le même sens et dans la même proportion
que le prix des céréales; mais ces inégalités ne
tardent pas à se compenser; et si pendant quelque
temps le salaire se trouve inférieur à la quantité
de céréales qui représente les besoins de l'ouvrier,
plus tard il dépassera cette même quantité, et lui
procurera ainsi le moyen de rétablir l'équilibre
entre ses recettes et ses dépenses.

19. Des circonstances exceptionnelles peuvent
faire monter les salaires; mais cette progression
ascendante est avantageuse à l'agriculture toutes
les fois qu'elle n'a pas pour cause un décrois-
sement de la population ouvrière occasioné par
des calamités publiques; et même dans ce dernier
cas, la disette de main-d'œuvre n'est pas d'aussi
longue durée qu'on pourrait se l'imaginer. En effet, partout où il existe des aliments, et des moyens

de se les procurer par le travail, la propagation
de l'espèce humaine marche avec une étonnante
rapidité, et si elle ne rencontre pas d'obstacle dans
la constitution politique, elle aura bientôt dépassé
la production des moyens d'existence.

20. La suppression des corvées, loin d'amener,
comme on a paru le craindre, une élévation dans
les salaires, produit et doit produire l'effet contraire. La quantité d'ouvrage exécuté par un ouvrier libre dépassant celle qu'on peut obtenir d'un
travailleur forcé, il en résulte un excédant qui
fait baisser les salaires, à moins que cet excédant
ne trouve un emploi dans l'augmentation de main-
d'œuvre qu'on suppose devoir être l'effet de la division des grandes propriétés. — Mais cette division
ne s'opère que graduellement, et a pour contre-
poids, en ce qui touche les salaires, l'accroissement de la population : si un ouvrier passe dans
la classe des propriétaires, il s'en trouve deux
autres qui cherchent à gagner davantage pour le
devenir à leur tour.

21. L'emploi le plus avantageux possible du travail, presque toujours limité, dont l'agriculteur
peut disposer, est pour lui un objet qui surpasse
tous les autres en importance, et auquel doivent
même céder, au moins dans la plupart des cas,
les considérations qui se rattachent à l'emploi le
plus avantageux des forces productives de son
domaine.

22. La *division du travail* et les *machines* sont

deux puissants léviers dont la force augmente d'une manière surprenante l'effet du travail.

23. La plupart des auteurs qui ont écrit sur l'agriculture, lui refusent l'emploi de ces deux auxiliaires, par la raison que les travaux au moyen desquels elle nous donne ses produits, loin de présenter l'uniformité et la continuité des opérations manufacturières, sont sujets à des interruptions et à des reprises qui offrent une alternation perpétuelle, au lieu de la division du travail qu'on peut établir avec tant de facilité dans les fabriques. Mais si ces écrivains eussent considéré la marche des travaux agricoles en grand et dans leur ensemble, ils auraient remarqué que l'aptitude particulière pour certaines manutentions et l'économie du temps perdu dans les changements de travail ou d'instrument, aptitude et économie qui constituent le véritable avantage de la division du travail, peuvent être obtenues dans une grande exploitation agricole, où certains ouvriers conservent toujours ou fort long-temps la même occupation. Il est même des travaux temporaires, tels que celui de la moisson, qui, par la multiplicité de leurs branches, se prêtent merveilleusement à la division.

Une machine est un instrument au moyen duquel, en remplaçant la main-d'œuvre par d'autres forces, on obtient les mêmes résultats avec une moindre dépense. La charrue peut donc être regardée comme une machine qui a économisé plus de main-d'œuvre et produit plus d'effet que toutes les machines industrielles réunies. Le choix de son mode de construction est de la plus haute importance. D'autres machines plus compliquées, destinées à des opérations spéciales, offrent une économie de travail et de force beaucoup plus considérable.

24. L'emploi de ces deux léviers est plus facile et plus avantageux dans les grandes exploitations que dans les petites. Il établit en faveur des premières une supériorité que le petit propriétaire parvient rarement à faire disparaître par son travail et celui de sa famille. Les grandes exploitations produisent à moins de frais ; il existe entre elles et les petites la même différence qu'entre le manufacturier et le simple artisan.

25. Les ouvriers qui exécutent les travaux agricoles se divisent en trois classes, suivant la diversité des conditions qui règlent leurs rapports avec celui qui les emploie.

I. La *première classe* comprend ceux qui, moyennant un salaire et leur entretien, engagent exclusivement leurs services pour un temps déterminé.

a) Les *domestiques* habitent la ferme, où l'on pourvoit à tous leurs besoins suivant l'usage du pays. Ils sont ordinairement célibataires.

b) Les ouvriers à gages auxquels on donne en Allemagne le nom de *députatistes*, reçoivent un logement séparé, et une quantité d'aliments et de combustible déterminée par les conventions. La plupart de ces ouvriers sont mariés.

1*

II. La *seconde classe* comprend les ouvriers qui travaillent à la journée ou aux pièces, et dont le salaire consiste quelquefois dans une portion du produit de leur travail.

a) Les ouvriers étrangers et indépendants conservent en tout temps la libre disposition de leur travail.

b) D'autres, moyennant un salaire déterminé par jour ou par quantité d'ouvrage, s'obligent à travailler exclusivement pour la même exploitation pendant tout le temps de leur résidence dans la localité. Cette obligation leur assure ordinairement quelques avantages particuliers, et le droit d'être occupés et payés sans interruption.

III. Enfin, il existe encore dans certains pays des ouvriers qui, au lieu de salaire pour une quotité de travail fixe ou arbitraire, reçoivent des terres, des bâtiments, des instruments et des bestiaux dont la culture et l'emploi pourvoient à leurs besoins et à ceux de leur famille.

26. L'agriculteur doit, pour chaque cas particulier, examiner avec la plus scrupuleuse attention laquelle de ces classes donne la plus grande somme de travail comparativement aux frais qu'elle occasione, et conclure de cet examen dans quelle proportion il peut être avantageux de les employer.

Une appréciation purement numérique pouvant exposer à de graves erreurs, il faut tenir compte du genre de travail habituellement confié à chacune de ces classes, et joindre à ces éléments matériels les considérations relatives aux usages, aux mœurs et au caractère de la population prolétaire.

27. Le travail aux pièces étant toujours le plus avantageux pour les deux parties, l'agriculteur intelligent n'hésitera pas à lui donner la préférence pour tous les ouvrages susceptibles d'être évalués de cette manière.

28. Le travail s'exécute au moyen d'instruments. Les bêtes de trait peuvent être considérées comme des instruments vivants. Celles qu'on emploie le plus habituellement sont les chevaux et les bœufs.

29. Depuis qu'on a pensé et écrit sur l'économie rurale, des agriculteurs pratiques et des écrivains ont agité la question de préférence entre les bœufs et les chevaux. Chacune de ces deux espèces a trouvé des partisans qui l'ont défendue avec passion.

Les partisans des chevaux fondent leur opinion sur la rapidité de la marche de ces animaux, sur leur longue résistance à la fatigue, sur la multiplicité des travaux auxquels on peut les employer, sur leur docilité, sur leur souplesse, sur la prédilection des domestiques pour les chevaux, sur l'utilité secondaire qu'on en retire par des travaux ou des services étrangers à l'exploitation agricole, enfin sur la nécessité de les multiplier pour la sûreté de l'état. — A l'objection déduite des frais de leur entretien et de leur remplacement, on répond que ces frais peuvent être diminués par un meilleur procédé d'alimentation, et par l'emploi de juments reproductrices aux travaux de l'exploitation.

Voici les arguments qu'on oppose en faveur des bœufs :

Quatre bœufs ne coûtent pas plus que deux chevaux ; un seul homme peut exécuter avec ces quatre animaux une plus grande somme de travail, même en employant chaque paire alternativement; les frais d'achat, de nourriture et de harnais sont moins considérables; on peut les vendre sans perte, et quelquefois avec bénéfice, pour la boucherie; ils donnent un fumier plus abondant et de meilleure qualité; ils peuvent être confiés avec plus de sécurité au guide le moins exercé.

30. Cette discussion générale ne saurait suffire pour fixer le choix de l'agriculteur. Les chevaux, du reste, sont nécessaires dans un grand domaine : une étude approfondie des circonstances locales est indispensable pour déterminer dans quelles proportions il est avantageux d'y associer l'emploi des bœufs. En général, ces derniers paieront mieux la dépense de leur nourriture si elle consiste en foin, en fourrages verts et en pâturages. Si elle se compose en partie de céréales, le prix de ces dernières sera presque toujours mieux compensé par le travail des chevaux. Restera ensuite à décider la question de préférence entre ces deux modes d'alimentation.

31. Il est bon de calculer d'avance, d'après les circonstances locales, et avec toute l'exactitude possible, ce que coûte un attelage de chevaux ou de

bœufs, quelle quantité de travail on en retire dans le cours d'une année, et à quel prix revient la journée forte ou faible de ce travail.

32. Il n'est pas moins utile de prévoir les travaux d'attelage qui doivent être exécutés, suivant la localité et l'organisation de la ferme, dans chaque saison de l'année (semailles de printemps, récolte, semailles d'automne, travaux d'hiver). Cette prévision aura pour effet d'empêcher tout retard nuisible dans les diverses opérations agricoles, et d'éviter la dépense d'attelages superflus qui absorberaient une partie des bénéfices. — Ces sortes de calculs établissent la limite entre l'économie et l'avarice.

33. Le choix des instruments, leur entretien dans un état complet, sont d'une grande importance pour faciliter le travail, en augmenter l'effet, et le rendre plus expéditif.

34. Un examen détaillé de la succession des travaux pendant le cours de l'année, est un objet de la première importance, surtout lorsqu'on veut changer le plan d'exploitation. La connaissance de cette succession est le seul moyen d'assurer l'emploi constant et avantageux des forces qui exécutent le travail, sans s'exposer à les surcharger ou à les rendre insuffisantes.

CAPITAL.

35. Point de travail sans capital. L'homme qui travaille pour lui-même ne peut le faire sans un capital suffisant pour se nourrir en attendant qu'il puisse jouir du produit de son travail. Le capital nécessaire pour une surface et pour un produit donnés, est presque toujours d'autant plus élevé que cette surface et ce produit sont l'objet et le résultat d'un plus grand nombre d'exploitations. Un état dans lequel la propriété foncière est très-divisée, est donc généralement plus riche que celui où il n'existe que de vastes domaines.

36. La meilleure définition du capital a été donnée par l'immortel auteur des *Recherches sur la Richesse des Nations*, Adam Smith, et par ceux qui ont écrit après lui sur des matières analogues.

37. Tout capital, suivant cet illustre publiciste, provient du travail, et de l'économie dans la jouissance de ses produits. Les capitaux sont consommés, ou employés à l'exercice d'une industrie.

38. Aucune profession ne pouvant être exercée sans capital, l'importance de toute industrie dépend surtout de la masse des capitaux et de leur distribution.

39. Le bénéfice qu'on retire du capital placé dans une industrie, constitue le revenu net, la for-

tune disponible. Ce bénéfice est consommé, ou employé au développement de l'industrie.

40. Le bénéfice peut être considéré relativement à l'importance du capital, et nous le nommons alors *bénéfice relatif;* ou abstraction faite de cette importance, et dans ce cas on l'appelle *bénéfice absolu.* Les petits capitaux donnent souvent plus de bénéfice relatif que les grands; mais leur bénéfice absolu est faible en comparaison de celui qu'on obtient de ces derniers. On a confondu ces deux manières d'envisager les bénéfices, et il en est résulté des erreurs dans l'agriculture et dans l'économie politique.

41. Quoique les capitaux ne soient pas des monnaies, et qu'il n'y ait aucune proportion entre eux et le numéraire en circulation dans un pays, on les apprécie et on les traduit généralement en valeurs monétaires. Nous devons donc donner ici, sur les *monnaies*, des notions indispensables pour l'intelligence de cet ouvrage.

———

42. La division des professions et l'extension du négoce ayant rendu l'*échange* difficile, et souvent impossible, on dut chercher un moyen d'y substituer la *vente*. Pour cela, il fallait inventer des signes représentant la valeur de tous les objets soumis au commerce.

43. L'accord unanime du monde commerçant,

accord surprenant sans être inexplicable, désigna
l'or et l'argent, métaux qui offraient d'ailleurs
assez peu d'utilité, comme les substances les plus
propres à remplir cet objet.

44. Une marque empreinte par les ordres et
sous la surveillance de l'autorité garantissait le
poids de matière pure contenue dans un morceau
de métal, et rendait ainsi l'échange beaucoup plus
facile. A des époques plus ou moins anciennes,
presque tous les gouvernements abusèrent de la
confiance du peuple : pour remédier à l'embarras
de leurs finances, ils eurent recours à de fausses
empreintes, et se procurèrent ainsi un avantage
momentané par une fourberie dont la nation res-
sentit long-temps les funestes effets. Aujourd'hui
la moindre tentative d'une pareille escroquerie
financière serait découverte et punie à l'instant.

45. La valeur absolue des monnaies dépend donc
uniquement de la quantité de métal pur qu'elles
contiennent, et non de l'empreinte ou du nom
qu'elles reçoivent.

Le prix des métaux précieux, c'est-à-dire leur
valeur comme représentant d'autres marchandises,
est sujet à de petites variations continuelles et locales, et à d'autres changements plus grands et
plus rares qui s'étendent à tout le monde commerçant. Ce prix, comme celui de toutes les autres denrées, est déterminé par

a) La disette ou l'abondance, et l'offre restreinte
ou excessive qui en résulte;

b) Le besoin plus ou moins grand, d'où résulte une demande plus ou moins considérable.

Ces deux ordres de causes agissent dans le même sens ou dans une direction opposée.

46. La hausse ou la baisse d'une marchandise provient du changement de proportion entre l'offre et la demande. Mais quand presque toutes les denrées, surtout les plus indispensables, celles dont l'usage est le plus habituel, et que le pays produit en quantité suffisante, haussent ou baissent en même temps et dans la même proportion, c'est l'effet d'un changement survenu dans la valeur de l'or et de l'argent. C'est le cas de dire, non pas que les denrées sont plus chères, mais que l'or et l'argent sont à meilleur marché.

On ne saurait donc prendre l'or et l'argent, ou la monnaie, pour échelle d'appréciation du prix des marchandises, sans s'exposer à de graves erreurs, à moins qu'on ne restreigne l'emploi de cette échelle à une époque de courte durée.

47. Les céréales destinées à la panification offrent une échelle d'évaluation beaucoup plus sûre. En effet, malgré les changements que la valeur de ces céréales subit chaque année, elle se maintient dans un rapport plus constant avec celle de toutes les autres marchandises, surtout des produits indigènes naturels ou manufacturés. Pour une même mesure de ces céréales, on obtient presque toujours une même quantité de travail, et le travail est le principal élément de toute production, de toute fabrication. Cette constance de

rapport a également lieu pour la rente foncière, autre élément de production.

On déterminera donc la valeur actuelle des métaux précieux d'après son rapport avec celle des céréales propres à faire du pain : ce n'est qu'au moyen de cette correction qu'ils pourront servir d'échelle d'appréciation pour les autres marchandises.

48. Il n'est pas sans intérêt pour l'agriculteur de connaître les variations qu'a subies en Europe la valeur des métaux précieux depuis le treizième siècle, ou, ce qui revient au même, les changements survenus dans le prix des céréales, des autres produits agricoles, et du travail. Les données de cette recherche, éparses dans de vieux documents et d'anciennes chroniques, ont été recueillies avec assez d'exactitude, pour ce qui concerne les grains, par Unger, dans son ouvrage sur les *Variations du Prix des Céréales*, Brunswick, 1750, et par plusieurs écrivains anglais. Il en résulte que la valeur de l'argent a constamment baissé depuis le quatorzième siècle, et qu'aujourd'hui elle est trente fois plus faible qu'à cette époque. Cette dépréciation, causée par une abondance progressive des métaux précieux, a quelquefois trouvé, dans un emploi plus considérable pour le commerce, un contre-poids qui en a modéré la rapidité. Cette baisse ne peut manquer de continuer, mais il est impossible d'en déterminer d'avance les proportions : elles dépendront de l'intelligence avec laquelle on exploitera les mines immenses de l'Amérique méridionale et de l'Afrique, et du

maintien ou de la suppression des charges impo-
sées à cette exploitation par le système financier.

———

49. Celui qui n'utilise pas ses capitaux dans une
industrie exercée pour son propre compte, ne
peut les employer qu'en les prêtant à un autre
qui lui en paie les intérêts sur les bénéfices obtenus au moyen de ces capitaux appliqués au développement de son entreprise. Je n'ai pas ici en
vue les capitaux empruntés pour la consommation, et dont l'intérêt et le principal ne peuvent
être payés qu'au moyen d'autres capitaux. Ces
sortes de placements, assez rares aujourd'hui à
cause des dangers qu'ils présentent, ont presque
toujours pour effet la banqueroute de l'emprunteur et la ruine du prêteur. Mais les capitaux empruntés par les propriétaires pour éteindre des
dettes plus anciennes, doivent être considérés
comme placés dans leur exploitation, puisqu'ils
leur sont indispensables pour la continuer.

50. Le taux de l'intérêt doit toujours être inférieur au bénéfice que l'emprunteur peut retirer
du capital. L'intérêt hausse quand les capitaux
sont plus rares, plus recherchés, et offrent de plus
grandes chances de bénéfices. Il baisse quand
l'offre est plus considérable, la demande plus restreinte, et l'emploi moins avantageux. Ces circonstances déterminent, pour chaque pays et pour
une époque donnée, le taux habituel de l'intérêt,
qui n'éprouve que de rares modifications motivées
par le degré de sûreté ou de commodité du pla-

cement, et par le besoin plus ou moins pressant de l'emprunteur.

51. Un taux peu élevé étant favorable au développement de l'industrie, la plupart des législations ont cru devoir assigner aux prêteurs des limites qu'ils ne peuvent dépasser sans être considérés comme usuriers. Mais ces dispositions de la loi sont presque inutiles, parce qu'il est trop facile de les éluder. Leur observation serait même nuisible à celui qui, pouvant donner aux capitaux un emploi très-avantageux, ne paraîtrait pas toutefois offrir assez de garanties pour en obtenir au taux légal. On ne doit pas en conclure que la réparation de cette faute soit toujours possible sans inconvénient. En effet, l'abrogation de cette loi, à une époque où l'offre des capitaux serait inférieure à la demande, pourrait être regardée par les rentiers comme une invitation à élever le taux de l'intérêt.

52. On ne prête aucun capital sans sûreté pour son remboursement et pour le service des intérêts. Cette sûreté est fondée sur la confiance qu'inspirent la personne ou la position de l'emprunteur (crédit personnel), ou sur un gage mobilier ou immobilier (crédit hypothécaire).

53. Le crédit personnel ne procure ordinairement les capitaux que pour un temps fort court, et ne peut être maintenu que par des lois sévères contre la déloyauté des emprunteurs. De là le change et le droit de change, qui offrent des

avantages à l'agriculteur, mais qui peuvent facilement lui devenir funestes, parce qu'il est rarement assuré d'une recette considérable à une époque déterminée.

54. Le crédit hypothécaire est une ressource d'autant plus favorable au propriétaire foncier, que l'engagement lui laisse l'usage de la chose engagée.

Malgré quelques abus, le crédit hypothécaire procure d'immenses avantages quand il est appuyé sur une bonne législation. Il donne la vie à la richesse inerte enfouie dans la propriété foncière; il en fait un véritable capital, un capital mobilier. Il fournit à l'agriculture les moyens d'exploitation qui lui manquent, fixe les capitaux dans le pays, et leur offre le placement le plus commode pour celui qui les possède, et le plus fécond pour la prospérité nationale.

On objecte que la propriété foncière, dans certains pays, est grevée de dettes qui dépassent la moitié de sa valeur. — Mais ce n'est pas un mal, puisque la richesse nationale en est plutôt accrue que diminuée. Tant que l'indivisibilité des domaines a été maintenue par les lois, l'héritier unique de la terre, trouvant rarement dans la succession des ressources pécuniaires suffisantes, était forcé de contracter des emprunts hypothécaires dont ses obligations envers l'état lui permettaient rarement de se libérer. Le système hypothécaire permet d'acheter une propriété avec une somme inférieure à sa valeur, et de conserver le capital nécessaire pour l'exploitation. Ainsi, l'homme peu fortuné que son goût et son talent portent vers l'agriculture, peut s'y livrer sans être réduit à la triste et gênante position de fermier. Il est vrai qu'il en est résulté une fièvre de commerce des terres qui a eu des inconvénients pour l'économie rurale; mais quelles sont les choses dont on n'abuse pas?

55. Il est dans la nature de l'emprunt hypothécaire d'être contracté pour un temps presque illimité.

Il n'y a que trois moyens de l'éteindre :

1° Un autre capital obtenu à titre gratuit;

2° Les économies, moyen fort long quand l'emprunt est considérable;

3° Un nouvel emprunt, qui n'est autre chose qu'un changement de créancier.

La promesse de rembourser sur intimation suppose ordinairement la possibilité d'un nouvel emprunt. Cette possibilité doit être regardée comme une condition tacite toutes les fois que la somme prêtée sur hypothèque est d'une certaine importance.

Quand des circonstances imprévues s'opposent à l'emploi de ce moyen, le débiteur a droit à un moratoire. — Il arrive parfois de grands évènements politiques qui rendent l'emploi du numéraire très-avantageux et les emprunts hypothécaires impossibles : si, dans un cas semblable, les créanciers hypothécaires exigeaient le remboursement de leurs capitaux, les débiteurs auraient peu d'espoir de les remplacer par de nouveaux emprunts. Sans un moratoire général, tous les propriétaires de biens hypothéqués seraient ruinés, la plus grande partie des capitaux serait anéantie, et la production entravée de manière à compromettre l'existence de la nation. Ce moratoire ne pourrait alors être refusé sans une criante injustice. D'ailleurs, quelques poursuites infructueuses auraient bientôt découragé les efforts des créanciers.

Un moratoire général pour les intérêts ne serait juste que dans le cas extrêmement rare où presque tous les propriétaires, victimes d'une calamité publique, ne pourraient être indemnisés par l'état.

56. On a adopté pour les biens seigneuriaux des états prussiens une modification particulière du système hypothécaire. C'est une société qui a créé des valeurs garanties solidairement par tous les membres, et dont le cours dépasse aujourd'hui le pair, après avoir traversé presque sans fléchir les circonstances politiques qui avaient si fort déprécié tous les fonds publics de l'Europe. De pareils succès réfutent victorieusement les reproches adressés à cette institution.

EMPLOI DES CAPITAUX.

57. Les capitaux auxquels on veut faire produire des bénéfices, peuvent être employés :

a) Dans l'agriculture ;

b) Dans les manufactures ;

c) Dans le commerce, qui comprend le commerce en gros et le commerce de détail.

Aucun de ces trois systèmes n'a droit à une protection exclusive de la part du gouvernement. Tous trois sont indispensables pour la prospérité de l'état, l'un d'eux ne pouvant avoir ni succès ni développement sans le secours des deux autres.

58. Toutefois, le degré d'importance proportionnelle de ces trois branches de la richesse nationale a été rarement conçu par les gouvernements avec toute l'intelligence et l'impartialité désirables. La plupart ont montré un penchant excessif à favoriser les manufactures et le commerce aux dépens de l'agriculture; et les partisans de cette dernière ne mériteraient que des éloges pour l'appui qu'ils ont cherché à lui prêter, s'ils n'avaient donné à leur principe une étendue plus nuisible qu'utile à leur cause.

59. La doctrine d'économie politique fondée par Adam Smith, démontre que le libre exercice des diverses industries, avec une protection égale pour toutes, — protection qui doit consister presque uniquement à lever les obstacles, — est le seul moyen d'établir entre elles une juste proportion et d'accroître la prospérité nationale. L'individu reconnaîtra mieux que tout autre la profession la plus propre à utiliser ses capitaux et son talent, et son choix sera généralement le plus avantageux pour le bien-être général.

60. Rien de plus clair que les raisons qui peuvent mériter à l'agriculture la préférence d'un individu libre dans le choix d'une profession. Les

charmes de la vie champêtre ont été vantés et cé-
lébrés par les philosophes et les poëtes de tous les
temps et de toutes les nations. Aucune industrie
ne présente aussi peu de chances de ruine. Les
produits de l'agriculteur sont toujours et généralement recherchés ; il n'est pas l'esclave de ses pratiques, et n'est pas obligé, comme le fabricant et
le marchand, de s'exposer à une foule de désagréments pour obtenir leur faveur. Les moyens qui le
conduisent au but lui procurent une jouissance et
une satisfaction de l'esprit et du cœur qu'il cher-
cherait vainement au même degré dans toute autre profession.

Il est vrai que la perspective de bénéfices considérables relativement au capital employé n'est
pas aussi brillante dans l'agriculture que dans
certaines autres professions ; les fortunes rapides
et colossales y sont plus rares. Aussi voit-on peu
de capitalistes se tourner de ce côté s'ils n'en trouvent un motif particulier dans leur position. Mais
en général la probabilité de grands bénéfices dans
les autres industries n'est qu'apparente, puisqu'un
si petit nombre parviennent à les réaliser. Pour
un fabricant ou un marchand qui s'enrichit, dix
se ruinent, et cent autres ne font que végéter.
Mais on préfère presque toujours les loteries à
gros lots, quoique, à tout prendre, elles soient
visiblement les moins avantageuses.

On peut ajouter que la distinction des classes,
la différence des droits, et la difficulté d'acquérir
des propriétés dans certains pays, ont éloigné
beaucoup de gens de l'agriculture : de sorte que

bien peu s'en occupent par choix, et la plupart ne s'y trouvent livrés que par l'effet du hasard.

61. Le capital employé à l'exercice d'une industrie quelconque se divise en *capital fixe* et *capital circulant*.

Le *capital fixe* consiste dans les instruments et autres choses nécessaires à l'exercice de l'industrie, et qui, sans changer de forme, doivent seulement être entretenus en bon état, et remplacés quand ils sont hors de service. Ce capital ne donne qu'un revenu médiat. Dans l'agriculture, il prend le nom d'*inventaire* ou *mobilier*.

Le *capital circulant*, ou *fonds de roulement*, se transforme en son produit, et son revenu consiste dans le bénéfice qu'il donne en reparaissant sous une autre forme. Il sert à payer le travail et à en obtenir le produit.

62. On pourrait distinguer dans les fabriques un troisième capital qui consiste dans la provision de matières premières à manufacturer, et qu'on appellerait *capital de matériel brut*. Il appartient sous un rapport au capital circulant, puisqu'il se transforme en produits ; et sous un autre rapport au capital fixe, puisqu'il doit être constamment entretenu à peu près dans le même état : en effet, les instruments et les bêtes de travail périssent, et néanmoins ils sont comptés dans le capital fixe.

Le *capital foncier*, qui consiste dans le sol et dans son énergie productive, peut être regardé comme constituant le matériel brut de l'agriculture. — Si l'on objecte que le capital foncier reste toujours le même, tandis que les matières premières des manufactures sont consommées par la production, je répondrai que cette différence ne change rien à la nature du capital. D'ailleurs, la substance véritablement utile du sol, son énergie végétative, qui crée le produit, est réellement détruite, et doit constamment être remplacée. La valeur du capital foncier change donc comme celle du matériel brut d'une manufacture, et c'est une erreur de la considérer comme invariable.

63. Quelques économistes refusent au sol le titre de capital, parce qu'il n'est pas le fruit du travail, mais un don de la nature. D'autres, partant de la même définition du capital, l'appliquent au sol rendu productif par le travail du défrichement. Sans rien décider entre ces deux opinions, nous considérerons comme un véritable capital, dans les pays civilisés, le sol devenu propriété et valeur échangeable. Il faut un capital pour en acquérir la possession, et la vente ou l'engagement du sol procure des capitaux pour l'exploitation ou pour un autre emploi.

64. Le *capital foncier* consiste dans la valeur vénale du domaine au moment de l'acquisition, plus les améliorations et moins les détériorations postérieures.

Il est utile, à certains égards, de distinguer sous le nom de *capital d'amélioration* les fonds employés à l'accroissement de valeur de la propriété. Cet emploi a lieu d'une manière positive, quand on place dans le domaine une partie du revenu net converti en argent, ou un capital obtenu par tout autre moyen; — ou d'une manière négative, lorsqu'une diminution intelligente de la production augmente l'énergie végétative du sol. Ce dernier mode d'accroissement ne doit pas être négligé dans les supputations agronomiques, bien que l'appréciation présente d'autant plus de difficulté qu'il a été dirigé avec plus de talent. Cette appréciation, dans tous les cas, ne peut avoir d'autre base qu'une nouvelle estimation de la propriété d'après son degré actuel de force productive.

65. Celui qui cultive en qualité de fermier, n'est pas propriétaire du capital foncier; il n'en jouit qu'à titre d'emprunt, et en paie les intérêts au moyen des fermages. On voit peu d'exemples d'un semblable contrat dans l'industrie manufacturière, à cause des dangers que paraît présenter la remise du matériel brut à un simple locataire; tandis que l'agriculture semble offrir à cet égard une sécurité souvent trompeuse. On ne pourrait considérer comme capital foncier du fermier que ce qu'il remettrait au propriétaire à titre de cautionnement.

66. Le produit net ne peut servir de base pour fixer directement la valeur d'un domaine ou d'une pièce de terre, ce produit étant sujet à varier considérablement suivant l'importance du capital d'exploitation, l'intelligence et l'activité de l'agriculteur. Ce mode d'évaluation conduit à de graves erreurs dont la rectification n'est pas sans difficulté. On trouverait une base plus sûre dans les notions déduites d'une foule d'expériences sur la

fertilité moyenne des terres suivant leur composition physique combinée avec d'autres circonstances déterminées. Nous reviendrons sur ces notions en traitant de la substance du sol. Le prix du fermage pourrait seul, et encore sous certaines conditions, être fixé d'après le produit net du domaine affermé.

67. La rente nette annuelle obtenue d'une terre par un moyen quelconque étant connue, on trouvera la valeur de cette terre en calculant la rente au taux le plus bas qu'on puisse retirer d'un capital. En effet, le sol offrant le plus sûr et le plus agréable des placements, on l'achète volontiers dans les états paisibles et bien gouvernés, à un taux inférieur de un pour cent à celui des intérêts ordinaires. Si les propriétés foncières ont été menacées dans les temps de révolution, le péril fut rarement pour elles aussi grand que pour les autres capitaux.

68. Quoique les *bâtiments* semblent appartenir au capital fixe, on réunit presque généralement au capital foncier les constructions nécessaires pour l'exploitation du domaine, parce qu'elles tiennent au sol, et tirent de cette position la plus grande partie de leur valeur. Aussi, en évaluant le sol d'un domaine concret, on suppose ces bâtiments suffisants, bien distribués et en bon état, et l'on déduit de l'estimation totale ce qu'il peut y avoir de défectueux sous ce rapport. Pour les propriétés composées de pièces isolées, l'importance des constructions dépend des localités.

L'entretien et la réparation des bâtiments est à

la charge du fonds de roulement, excepté dans les domaines affermés.

69. Le *capital fixe*, *inventaire*, ou *mobilier*, comprend
  a) Les bêtes attachées à la ferme, et qui ne sont pas destinées au commerce;
  b) Les instruments et harnais employés ou en réserve.
  c) Enfin, la plupart des agriculteurs font entrer dans ce capital les grains de semences, et même les semailles exécutées.

On distingue donc l'inventaire du *bétail*, l'inventaire des *instruments*, et l'inventaire des *champs*.

Ce qu'on regarde comme absolument indispensable dans une ferme est généralement insuffisant pour une bonne exploitation, et exige un supplément auquel on donne le nom de *surinventaire*.

70. Dans certains pays, principalement dans ceux où les propriétés étaient indivisibles, on a considéré l'inventaire comme partie intégrante du capital foncier. On s'exposerait à de graves erreurs en confondant ainsi deux choses d'une nature essentiellement différente. Le capital fixe est plus variable, plus exposé; il ne doit pas être calculé de la même manière, et son influence sur le produit est proportionnellement plus grande que celle du capital foncier.

71. Un mobilier complet, aussi parfait que possible, approprié aux besoins du domaine, contribue essentiellement à une bonne exploitation; et

une propriété qui en sera pourvue, surpassera
souvent de beaucoup par son produit net une
terre de valeur foncière supérieure, quoique l'excédant de mobilier de la première n'atteigne pas
l'excédant de valeur foncière de la seconde. Celui
qui veut acheter un domaine pour le cultiver,
doit donc en calculer le prix de manière à conserver sur son capital disponible une somme suffisante pour se procurer un mobilier complet, et
pour faire marcher convenablement l'exploitation.
Mais, cette somme courant plus de chances que
le capital foncier, les intérêts doivent en être
portés à un taux plus élevé.

72. Le *fonds de roulement* est celui qui fait
marcher l'exploitation, et contribue le plus immédiatement à la création des produits. Il doit
toujours être maintenu au niveau des besoins de
la ferme, pour que l'agriculteur conserve en tout
temps et en toute occasion la liberté et l'énergie
de ses mouvements, qu'il puisse profiter de tous
les avantages, et ne soit pas trop ébranlé par les
revers. On dit communément : *Riche laboureur,
bon laboureur ;* ce qui, toutefois, ne doit s'entendre que d'une richesse relative.

Il ne conviendrait pas même d'affaiblir ce capital par l'emploi d'une somme trop forte à l'achat
du mobilier d'exploitation.

Les matières qui composent ce capital sont continuellement détruites ; mais elles reparaissent
sous une autre forme avec un bénéfice d'autant
plus grand que cette transformation est plus ra-
pide.

73. Outre le numéraire en caisse, le fonds de roulement comprend encore les provisions destinées à l'entretien des ouvriers et du bétail, ainsi que les bêtes à l'engrais et autres produits destinés à être convertis en argent. L'entretien du mobilier, même de celui des bâtiments d'exploitation, est à la charge de ce capital.

74. Pour que l'exploitation soit avantageuse, le fonds de roulement doit rendre non-seulement ses intérêts comme capital prêté, mais encore des *intérêts industriels*, c'est-à-dire le bénéfice qu'on peut régulièrement obtenir de l'emploi des capitaux dans une autre profession. Ce bénéfice constitue le véritable produit de l'agriculture; et, pour ne pas le confondre avec la rente foncière, le propriétaire exploitant devrait se considérer comme son propre fermier.

PRIX DES PRODUITS.

75. Le *prix des produits* étant la forme sous laquelle les fonds absorbés par une exploitation rurale reviennent à l'agriculteur avec un plus ou moins grand bénéfice, des notions précises sur cette matière lui sont indispensables et méritent toute son attention.

76. On distingue le *prix réel* et le *prix nominal*. Ce dernier, dépendant de la *valeur relative* des métaux précieux, peut varier sans que le prix réel subisse le moindre changement. Si au com-

mencement du seizième siècle on avait pour un
hectolitre de seigle, qui valait 1 fr. 13 c., autant
de viande, de fer, d'étoffe, de main-d'œuvre, qu'on
en a aujourd'hui pour les 9 fr. 45 c. (1) que vaut la
même mesure de cette céréale, on peut dire que
le prix réel de celle-ci n'a pas changé, malgré les
énormes variations qu'a subies sa valeur nominale.
Toutefois, comme nous ne nous occuperons ici du
mouvement des prix que pour de courtes périodes
pendant lesquelles la valeur métallique n'a pas
varié d'une manière sensible, nous la regarde-
rons comme constante, et assez exacte pour servir
d'échelle à nos appréciations, sans toutefois perdre
entièrement de vue le prix réel des denrées qui
seront l'objet de nos calculs.

77. Le *prix de marché* ou *prix de vente* est celui
qu'on retire, à une époque donnée, de la vente
d'une marchandise *vendable*. Son *prix naturel* ou
de revient est celui pour lequel on peut en continuer la production. Ces deux prix offrent souvent
entre eux une grande différence temporaire; mais
leurs moyennes, calculées sur une longue période,
sont généralement égales.

78. Le *prix de marché* se forme par l'accord
des vendeurs et des acheteurs, après un débat
dans lequel ceux-là cherchent à retirer de leur
marchandise un prix élevé, et ceux-ci à l'obtenir

(1) L'Auteur a évalué le seigle en reichsthaler (3 fr.
71 c.) et en groschen (0 fr. 12¼). (*Note du traducteur.*)

au plus bas prix possible. Cet accord est déterminé par la proportion de l'offre à la demande.

Ainsi, le prix d'une marchandise hausse :

a) Quand il en existe une moindre quantité dans le commerce;

b) Quand elle est plus recherchée, quoique aussi abondante.

Le prix baisse :

a) Lorsque la quantité mise en vente est plus considérable;

b) Quand la marchandise est moins demandée.

79. Pour les marchandises de pur agrément, et dont l'usage n'est pas indispensable, *a* et *b* se combattent, et limitent réciproquement leurs effets. Quand le prix en est élevé à cause de leur rareté, elles trouvent moins de consommateurs; s'il baisse à cause de leur abondance, un plus grand nombre peuvent et veulent en user. On en trouve des exemples dans les fruits, le sucre, le café, le vin, etc.

80. Pour les marchandises indispensables par suite d'un besoin naturel ou factice, les deux causes de la hausse et de la baisse agissent avec plus de force, parce qu'elles sont réunies. La diminution, même apparente, de leur abondance, fait naître chez tous les consommateurs la crainte de ne pouvoir s'en approvisionner, ou d'être obligés d'en donner un prix encore plus élevé; les acheteurs renchérissent les uns sur les autres, et la hausse dépasse le degré qu'elle atteindrait si elle n'avait _d'autre cause que la disproportion de la quantité

avec les besoins. Si l'abondance augmente, la demande s'attiédit, non par la prévision d'un usage moins considérable, mais parce que les acheteurs, assurés de ne pas manquer, retardent leurs emplettes et diminuent leurs offres. Ainsi la baisse est plus forte que celle qui résulterait de la seule augmentation de quantité. Si la marchandise est sujette à se détériorer, ou difficile à conserver, les vendeurs livrent à tout prix, surtout quand il leur importe de faire rentrer leurs capitaux; ils se défont de leur denrée au-dessous de ce qu'elle leur coûte, c'est-à-dire au-dessous du prix naturel ou de revient.

81. Ce *prix naturel* ou *de revient* est celui qui doit payer les quatre éléments de toute production : matières premières (énergie productive du sol), travail, intérêts du capital, talent.

82. Presque toutes les marchandises contiennent ces éléments, quoique dans des proportions différentes. Quand ils ne sont plus payés par le prix vénal d'une marchandise, la crainte de perdre, et l'affaiblissement des ressources du producteur, fait nécessairement diminuer ou cesser la production. La marchandise, devenant plus rare dans le commerce, hausse par degrés, arrive au prix naturel, et le dépasse ordinairement d'une distance égale à celle qu'elle a parcourue pour l'atteindre. Les avantages de la production augmentent alors le nombre et l'activité des producteurs; l'offre et la demande s'équilibrent d'abord, et ensuite la première prend le dessus. Ainsi les prix vénaux sont

les oscillations du commerce, le prix naturel en est le point de repos, qu'il traverse toujours, mais où il ne s'arrête presque jamais.

83. Tout en reconnaissant l'exactitude de ce tableau pour les produits manufacturés, on en a contesté l'application aux produits les plus ordinaires de l'agriculture, le sol ayant la plus grande part à leur création, et les travaux agricoles pouvant toujours continuer tant qu'ils retireront de ces produits un modique salaire. La rente foncière est, suivant les partisans de cette opinion, la chose la moins indispensable du monde.

84. Sans doute, la culture des terres ne cesserait pas complètement lors même que ses produits se maintiendraient à un prix dans lequel on ne retrouverait aucune part pour la rente foncière ; mais il en résulterait une perturbation dans tous les rapports civils et politiques. Du reste, ce malheur n'est pas à craindre.

La seule différence de l'activité et des ressources exerce une grande influence sur la production agricole. Si la culture des céréales diminue dans un pays où elle ne rend habituellement que 9 à 11 hectolitres par hectare, cette diminution occasionera la cherté, et même la famine dans les mauvaises années. Ce ralentissement de l'industrie agricole, surtout dans la production des céréales, serait volontaire pour quelques-uns, et forcé pour le plus grand nombre par l'absorption du capital de roulement, la détérioration du mobilier de ferme, et l'impossibilité des améliorations. L'agri-

culteur aisé tournerait ses efforts d'un autre côté;
il consacrerait son engrais et ses meilleures terres
aux plantes commerciales, et laisserait le reste en
friche pour le pâturage des bêtes à laine. Ainsi,
en 1811, les céréales étant descendues en Allemagne au-dessous du prix de revient, on en di-
minua la culture, et il en résulta une hausse égale
pour les années suivantes. Si tous les agriculteurs
riches et intelligents ne suivirent pas cet exemple,
c'est qu'ils ne partageaient pas les craintes générales sur la persistance de la baisse.

85. Quand même l'opinion contraire à la nécessité de la rente foncière ne serait pas suffisamment
repoussée par tous les principes qui règlent les
rapports sociaux, son absurdité ressortirait de la
nature même des choses. Si une récolte de 7 hectolitres ne paie que les frais d'exploitation d'un hectare, sans laisser aucun produit net, un hectare
qui, avec les mêmes frais, rapportera 8 hectolitres,
donnera nécessairement un produit net ou une
rente foncière d'un hectolitre. Si les 7 hectolitres
ne couvraient pas les frais d'exploitation, la culture
du domaine serait abandonnée, ce qui, dans certains pays, suffirait pour occasioner une hausse et
faire retrouver la rente foncière. Supposons que cet
abandon de culture reste sans influence sur les
prix, et que le sol qui donne 8 hectolitres par hectare ne paie que les frais d'exploitation : celui qui
rendra 9 hectolitres produira une rente foncière
d'un hectolitre, etc. La rente foncière d'une terre
sera donc déterminée par l'excédant de ses pro-

duits sur ceux d'une autre dont la récolte balance les mêmes frais d'exploitation.

86. Le prix de marché des produits agricoles, et en particulier le prix des céréales, qui lui sert de base, ne peut donc pas plus que celui des autres marchandises avoir une moyenne inférieure au prix de revient, qui comprend la rente foncière ; et la réaction doit le faire osciller également des deux côtés. C'est ce qui résulte encore des données historiques que nous avons sur les prix des céréales depuis la civilisation des états européens, en exceptant les évènements extraordinaires. Si nous substituons le prix réel au prix nominal, c'est-à-dire si nous recherchons quelle quantité de travail et de marchandises indigènes ordinaires on a pu avoir dans tous les temps, et dans presque tous les pays, pour une même mesure de céréales, nous trouverons une concordance frappante entre les moyennes de sept ans, et plus encore entre celles de vingt ans.

87. Le prix de revient des céréales et de quelques autres produits agricoles a cela de particulier, qu'il varie *d'une année à l'autre* beaucoup plus que celui d'un grand nombre d'autres marchandises : il dépend de la fertilité de l'année. Mais si l'on calcule avec soin le prix de revient, on le trouvera presque toujours d'accord avec la moyenne du prix de vente annuel.

88. Ceci paraît en contradiction avec ce que nous avons dit plus haut (80). Un Anglais à la pénétra-

tion duquel nous devons rendre justice, a remarqué qu'une récolte de 10 et de 20 pour 100 au-dessous de la moyenne occasione une hausse de 30 et de 80 pour 100, qui dépasse, comme on le voit, toutes les proportions naturelles. Mais l'augmentation du prix de revient ne reste pas non plus dans les proportions du déficit de la récolte. Dans les pays où l'hectare produit ordinairement 55 doubles décalitres, il faut à l'agriculteur, suivant une moyenne générale et assez bien calculée, 11 doubles décalitres pour semence, et 22 pour frais d'exploitation. Il restera donc 22 doubles décalitres pour la rente foncière, le bénéfice d'exploitation, et les impôts : ce qui, à raison de 2 fr. le double décalitre, donne 44 fr. par hectare. Si la récolte diminue de 11 doubles décalitres, il n'en reste plus que 11 après le prélèvement des frais d'exploitation, et il faut que ces 11 doubles décalitres soient vendus à raison de 4 fr. pour que le produit net de l'hectare en argent n'ait pas varié. Ainsi, une diminution de 20 pour 100 dans la récolte augmenterait de 100 pour 100 le prix naturel des céréales. Mais la vente d'une partie des grains qui représentent les frais d'exploitation, pourrait nous ramener aux 80 pour 100 de l'auteur anglais. La hausse et la baisse du prix de vente annuel semblent donc soumises à certaines lois qui le font concorder avec le prix naturel de la même année.

89. Si le prix moyen annuel dépend de la récolte, et que cette moyenne soit restée presque la même dans chaque période de 7 ou de 20 ans (86), il s'ensuit que la moyenne des récoltes, relative-

ment à la population, doit aussi avoir été égale dans ces périodes. Unger, dans son excellent ouvrage intitulé : *Des Lois de la Fertilité, et de leur influence sur la satisfaction des principaux besoins de la vie humaine*, Hanovre, 1752, admet une disposition de la nature qui pourvoit à la nourriture de notre espèce dans l'état civilisé, comme la propagation est assurée par les proportions qui règnent dans les naissances et la mortalité des deux sexes.

La première de ces lois paraît encore être un secret aussi impénétrable à notre intelligence que celle de la reproduction des sexes. La fertilité n'a pas pour cause la régularité de la température, puisque cette régularité n'existe pas. Nous remarquons aussi que les bonnes ou les mauvaises récoltes de céréales ne résultent pas constamment d'une disposition atmosphérique qui semblait devoir amener l'une ou l'autre, quoique cette disposition ait une influence bien réelle sur la végétation. Ne trouverait-on pas plutôt la solution de cette difficulté dans l'épuisement plus ou moins considérable du sol par une récolte de céréales plus ou moins abondante?

D'après Unger, il y a sur sept années une récolte abondante, une mauvaise, deux au-dessus de la moyenne, deux au-dessous, et une qui tient exactement le milieu entre toutes les autres.

90. Une question à laquelle on attache de nos jours une importance particulière, est celle de savoir si les prix des céréales hausseront ou baisseront dans l'avenir.—Il n'y aura ni hausse ni baisse

dans leur *prix réel*, c'est-à-dire dans leur valeur comparée à celle des autres marchandises. La production augmentera par suite de l'activité et de l'intelligence déployées dans l'agriculture après le rétablissement de la tranquillité en Europe ; mais la consommation présentera le même accroissement. Si les aliments et le travail sont plus abondants, les hommes se multiplieront davantage : l'exemple de la France prouve que les guerres les plus sanglantes ne peuvent empêcher cet effet ; et la vaccination a peut-être déjà conservé autant d'hommes que les dernières guerres en ont détruit.

Le *prix nominal* dépend de l'accroissement ou de la diminution de l'argent et de sa valeur dans le commerce universel. On ne voit pas de raison pour que cette marchandise, qu'on produit toujours et qui s'use peu, puisse diminuer ou être plus recherchée, puisque son extraction des mines de l'Amérique du sud peut incontestablement être opérée à moins de frais, et que son emploi comme instrument de commerce est devenu beaucoup moins fréquent chez la nation la plus commerçante de l'Europe.

Les agriculteurs des pays fertiles du nord de l'Europe dont la production dépasse de beaucoup les besoins, et d'où les Anglais tiraient une grande quantité de céréales par la Mer Baltique, craignent une baisse des prix par suite du corn-bill, qui interdit la vente des grains étrangers dans le Royaume-Uni quand le quarter de froment ne coûte pas plus de 4 livres sterling (environ 33 fr. 70 c. l'hectolitre). Cette crainte est sans fondement : ce que les Anglais achetaient dans les années ordinaires était revendu dans d'autres pays, et cette vente reçoit du bill de nouveaux encouragements; quand la récolte est mauvaise en Angleterre tandis qu'elle est très-abondante dans le nord de l'Allemagne, ce qui arrive souvent, le prix s'élève, dans la Grande-Bretagne, au-dessus du taux fixé par la loi.

91. On reproche aux agriculteurs de *désirer* la hausse et de chercher à *l'opérer*.

Ce *désir* est dans la nature de l'industrie; et le risque auquel les capitaux sont exposés dans l'agriculture, les grands sacrifices qu'elle exige, le rendent au moins aussi excusable pour elle que pour toute autre profession.

On les accuse encore de souhaiter la stérilité; mais un pareil souhait ne peut être formé par un agriculteur intelligent, puisqu'il y perd généralement plus qu'il ne gagne par la hausse des prix (88), sans parler du triste aspect d'une mauvaise récolte. Quant à ceux qui accaparent les grains des années précédentes, ils sont en petit nombre, et, sous ce rapport, on doit les considérer plutôt comme spéculateurs que comme agriculteurs.

La concurrence, qui est plus forte pour cet article que pour tout autre, les met dans une impossibilité absolue de se concerter pour faire hausser les prix. Si un agriculteur aisé et prudent est conduit par ses propres réflexions à différer la vente quand il s'attend à voir manquer les grains, on doit lui savoir gré de ce retard plutôt que de lui en faire un crime, puisqu'il contribue à maintenir plus d'égalité dans l'écoulement et dans les prix pendant tout le cours de l'année.

92. Tous les citoyens intelligents doivent désirer, comme l'agriculteur, que le prix de vente des céréales et des autres produits indispensables ne descende jamais au-dessous du prix de revient, et le gouvernement doit contribuer, au moins passivement, à empêcher cette baisse : non-seulement elle fait changer la production (84) pour l'avenir ; mais toutes les professions souffrent du mal-aise de l'agriculture, qui est la source de tout revenu, comme l'ont prouvé en Allemagne les années 1810, 1811 et 1812.

93. Pour qu'il n'y ait pas disette dans les mauvaises années, il faut que les récoltes moyennes dépassent les besoins. Si cet excédant ne trouvait pas d'écoulement à l'extérieur, les céréales tomberaient, dans les années médiocrement fertiles, au-dessous du prix naturel, et la production ordinaire descendrait au niveau de la consommation annuelle du pays. Pour plusieurs raisons, mais surtout pour celle-là, un gouvernement sage, loin d'interdire ou de gêner l'exportation des céréales, devrait lui accorder plus de faveur qu'à celle des produits manufacturés.

94. Pour déterminer *a posteriori* le prix naturel moyen des céréales dans la situation actuelle des choses, il faudrait prendre la moyenne des prix annuels des trente dernières années au moins,

en négligeant celles où des conjonctures mercantiles ou politiques leur ont fait subir une hausse
ou une baisse énorme.

Voici le tableau de ces moyennes calculées d'a-
près les mercuriales des marchés les plus importants de l'Allemagne septentrionale (1) :

Froment. . . . .   14 f. 40 c. l'hectolitre.
Seigle.   9   00
Orge.   7   20
Avoine.   4   06

On parviendrait peut-être à l'établir *a priori*
par le calcul exact des frais de culture d'un hectare de terre reconnu pour ne donner aucune rente
foncière, et pour payer seulement ses dépenses
d'exploitation par un produit moyen de 66 décalitres. Dans cette estimation doivent être compris
l'intérêt de la valeur des bâtiments, leur entretien,
le bénéfice industriel, les charges publiques ordinaires et extraordinaires. On se demanderait ensuite : A quel prix faut-il vendre le grain, afin
que ces frais soient payés par le produit moyen ?
Pour une terre de meilleure qualité, l'excédant de
la récolte sur le total de ces dépenses constitue la

(1) Ce tableau est calculé dans l'original par scheffel
(55 litres) et par reichsthaler (3 fr. 71 c.). L'auteur con-
seille de faire subir à ces prix une légère réduction avant
de les prendre pour base des supputations agricoles;
mais, comme ils nous paraissent un peu inférieurs aux
moyennes de la France, nous pensons que leur emploi
ne peut conduire à des résultats exagérés.

(Note du traducteur.)

rente foncière, qui doit nécessairement se trouver dans le prix des céréales.

95. Il est toutefois incontestable qu'une diminution de ces frais peut résulter de la propagation
des bonnes méthodes, surtout de celles qui économisent le travail ou qui produisent des engrais
à meilleur marché. Tant qu'elles ne seront connues et mises en usage que par un petit nombre,
elles n'auront pas une influence sensible sur les
prix, et l'excédant de produit qu'elles font obtenir,
restera la juste récompense des intelligences supérieures, récompense qui leur échappera quand
l'emploi des procédés perfectionnés deviendra plus
général.

96. La fluctuation du prix de vente annuel est
souvent considérable : si, en automne, il est des-
cendu au-dessous du prix naturel, qu'on ne peut
encore établir d'une manière générale, il le dépasse ordinairement d'autant après l'hiver. Quand
la moisson est terminée, il dépend de l'opinion
qu'on se forme des produits de la récolte. Les producteurs se règlent sur la quantité apparente qu'ils
auront à vendre, sur celle qu'ils attribuent à leurs
voisins, et sur la force des demandes dans les contrées qu'ils approvisionnent. Cette dernière considération a aussi une influence prédominante sur
les offres des acheteurs. Le calcul des résultats du
battage et celui des quantités à vendre sont généralement au-dessus de la réalité. Voilà pourquoi
les prix de l'automne sont souvent inférieurs à
ceux du printemps, même en tenant compte de la

rétraction du grain. D'après les données historiques recueillies par Unger, la probabilité d'un bénéfice sur les céréales gardées jusqu'au printemps
présente les rapports suivants :

> Pour le froment. . . . . 69 : 19
> Pour le seigle. . . . . . 6 : 1
> Pour l'orge. . . . . . . 57 : 19

Les expériences faites dans les temps modernes
sur la plupart des marchés, donnent les mêmes
résultats.

A la suite d'une récolte moyenne de céréales,
les prix tombent généralement au plus bas entre
la Saint-Martin et Noël, parce que l'agriculteur a
le temps de faire battre et de conduire au marché,
qu'il n'est pas encore détrompé sur le total de ses
produits, et qu'il a besoin d'argent. Si quelquefois il y a hausse à cette époque, on peut compter
qu'elle sera encore plus forte au printemps.

Après Noël, le cultivateur est moins pressé par
le besoin d'argent, il entrevoit l'épuisement de ses
greniers, et ralentit ses transports, surtout si les
chemins sont mauvais : la concurrence est plus
grande entre les acheteurs qu'entre les vendeurs,
les premiers ont ordinairement de l'argent, et les
prix montent jusqu'au mois de mai.

Le laboureur éprouve alors un nouveau besoin
d'argent, et se défait volontiers de ce qui lui reste.
L'apparence de la récolte prochaine, quelque trompeuse qu'elle soit, commence à exercer son influence, qui devient encore plus grande en juin et
juillet. Les agriculteurs aisés sont généralement
les seuls qui aient encore du grain à vendre dans
cette saison.

Ces règles s'appliquent à la plupart des cas, et les exceptions n'échapperont pas à la prévoyance d'un homme intelligent.

97. Certains marchés offrent des particularités que l'agriculteur doit étudier pour ce qui concerne le sien. Ainsi, il y a une grande différence entre un marché borné presque exclusivement à la production et à la consommation de la contrée, et celui où il se fait des importations et des exportations considérables, surtout quand elles ont lieu par eau. Si les pays d'où il tire une partie de son approvisionnement ont encore d'autres débouchés, les besoins de contrées éloignées peuvent avoir sur les prix de ce marché une très-grande influence. Quand les transports se font par mer, il est presque impossible de prévoir les prix approximatifs avec quelque vraisemblance. En effet, tout en connaissant les besoins des autres pays pour l'année actuelle, leurs intentions restant secrètes tant que les achats de céréales n'ont pas commencé, on ne peut prévoir dans quelles localités il leur conviendra de s'approvisionner. Les marchés qui se trouvent dans cette position, sont ceux où le prix de vente s'écarte le plus du prix naturel pendant le cours d'une année.

98. Le prix de vente des autres produits ruraux, tels que les plantes oléagineuses, le tabac, la garance, etc., est encore plus variable par suite d'un plus grand changement de proportion entre l'offre et la demande. Si l'usage en est devenu ordinaire

et indispensable, et que la culture en soit assez généralement connue, la moyenne concorde avec le prix de revient, celui-ci avec le prix naturel des céréales, et ils donnent à peu près la même rente foncière et le même bénéfice que ces dernières. Tant que la culture en est peu répandue dans un pays, et que ces produits sont recherchés, l'intelligence en retire de grands avantages, qu'elle pourra même conserver, après la propagation de cette branche de l'industrie agricole, si elle emploie des procédés meilleurs et moins connus qui diminuent les frais et augmentent l'abondance des récoltes.

99. Le prix de vente des produits animaux ne conserve pas toujours le même rapport avec celui des céréales. Il est à son minimum chez les peuples qui sont encore à l'époque de transition de la vie pastorale à la vie agricole, parce que leur bétail se reproduit et se nourrit sans frais dans des pâturages immenses et souvent fertiles. L'accroissement de la population et les progrès de la civilisation apprennent aux hommes à retirer de la terre, par la culture des céréales, plus d'aliments que ne leur en donnait une égale étendue de pâturages : ces derniers sont restreints par le défrichement, et la viande s'élève à un prix qui en interdit l'usage aux classes peu fortunées. Une plus grande aisance fait rechercher les bons produits animaux et en augmente le prix : alors on transforme des champs en pâturages artificiels continus ou alternés, on cultive les plantes fourragères, et l'emploi des capitaux et de l'intelligence à

l'éducation du bétail prend un tel développement,
que, malgré la grande consommation de produits
animaux, la proportion de leur prix avec celui
des céréales est plus faible que dans les pays moins
favorisés sous le rapport de la richesse. L'Angleterre en est un exemple.

100. Le prix des produits animaux serait plus
élevé dans tous les pays cultivés, si ces produits
devaient couvrir seuls les frais occasionés par le
bétail. Mais on est obligé d'en tenir pour se procurer des engrais, dont l'action sur les récoltes de
céréales paie en partie la dépense de son entretien,
et diminue d'autant le prix de revient des produits
animaux. Le développement de l'industrie agricole par suite de l'élévation du prix des grains
n'aurait donc pas pour effet, comme on l'a pensé,
une diminution, mais plutôt un accroissement de
l'éducation du bétail. De même, le développement
de l'éducation du bétail par suite de la hausse des
produits animaux augmenterait la production des
céréales, dût-il la restreindre à une moindre étendue superficielle. Le placement facile et avantageux des produits animaux a donc sur les progrès
de l'agriculture au moins autant d'influence que
celui des céréales, outre qu'il n'a pas, comme ce
dernier, l'inconvénient de faire hausser le prix
du travail.

101. Il serait utile et intéressant de recueillir des
données pour l'étude des proportions qui ont existé,
dans divers pays et à diverses époques, entre le
prix des produits animaux et celui des céréales,

et de rechercher l'influence de ces rapports sur la
prospérité de l'agriculture et sur le bien-être général.

SOL.

102. Nous avons considéré le sol et son énergie
productive comme le *matériel brut* de l'agriculture et comme son troisième élément de production. L'étude de sa constitution physique (1) ne
rentrant pas dans notre sujet, nous puiserons seulement dans cette partie de la science agricole les
résultats qui peuvent servir à établir la valeur proportionnelle des terres.

103. Ce qui doit nous occuper ici est la *valeur
comparative du sol* et de chacune de ses espèces.
Elle dépend de son produit net moyen, c'est-à-dire
de sa capacité productive habituelle après déduction
des frais d'exploitation. Un sol plus fertile peut
exiger des dépenses de culture assez élevées pour
faire pencher la balance du produit net en faveur
de celui dont l'énergie productive est inférieure.

104. Un emploi plus considérable et plus intelligent du travail et des capitaux peut accroître l'é-
nergie productive au point d'augmenter le pro-

(1) On trouvera d'excellentes notions sur cette matière et sur toutes les autres branches de l'économie
rurale dans le *Cours complet d'Agriculture* par Burger,
Pfeil, etc. Dijon, DOUILLIER, 1839. (*N. du t.*)

duit net malgré l'excédant de dépense. La valeur
et le prix du sol haussent dans les pays où le développement de l'industrie agricole est général,
et baissent dans ceux qui sont en retard sous ce
rapport. L'accroissement de produit net obtenu
dans ces derniers par un individu plus avancé que
ses compatriotes, doit être considéré comme bénéfice industriel, récompense du talent, et non
comme une augmentation de la rente foncière,
puisque en passant dans d'autres mains le sol ne
donnerait plus cet excédant.

Toutefois, une considération qui n'est pas tout-
à-fait à négliger, c'est que la culture perfectionnée
procure au sol une amélioration durable et en
change la nature.

105. Ainsi, la valeur comparative du sol dans
un pays donné, se déduira du produit net obtenu
par la culture actuellement en usage dans ce pays.
Mais, cette culture n'étant pas absolument uni-
forme, on prendra la moyenne d'un grand nombre
d'expériences d'où seront exclus les procédés qui,
par leur supériorité ou leur infériorité, présenteront trop de différence avec la méthode ordinaire.

106. Occupons-nous d'abord des *terres arables*.

La nature du sol présente réellement une variété infinie. On peut néanmoins admettre certaines espèces de terres, et les ranger par classes
et par ordres, de manière que la différence de
celles qui sont placées dans la même classe ne soit
d'aucune importance, surtout si l'on établit des

sous-divisions qui permettent de reconnaître à
quel point un sol donné approche de la classe supérieure ou inférieure.

107. Cette classification a été faite et adoptée ou
seulement essayée de diverses manières dans différents pays.

J'ai donné moi-même une *classification chimique et physique* des terres : elle n'est pas impossible, elle est même utile à divers égards ; mais
elle ne peut concorder parfaitement avec la classification ou échelle des sols sous le rapport de
leur énergie productive. Quoique la fertilité dé-
pende uniquement des qualités physiques du sol,
elle résulte d'un si grand nombre de puissances
agissant dans le même sens, et quelquefois dans
des sens opposés, qu'un tel système de classification serait trop compliqué pour qu'on pût l'appliquer *directement* à l'évaluation des terres. En effet,
les proportions des éléments, le sous-sol, la position sous le rapport de l'humidité, de la lumière,
du climat, du voisinage, de l'influence atmosphérique, seraient autant de données indispensables
pour arriver à cette évaluation.

108. De toutes les classifications mises en usage,
la plus générale, mais aussi la moins satisfaisante,
est celle qui ne reconnaît que trois espèces de
terres : les *bonnes*, les *médiocres*, et les *mauvaises*.
Elle ne peut servir que pour une petite contrée
où le sol ne présente pas de grandes variations :
car un sol qui est relativement le plus mauvais
dans une localité, peut-être le meilleur dans une

autre. Cette graduation serait même le plus souvent insuffisante pour une seule contrée.

109. Dans les pays où l'on voit fréquemment
une pièce de terre ou une petite ferme passer de
main en main par la vente ou la location, il s'est
formé en quelque sorte un *prix de marché* et une
connaissance plus générale et plus exacte de cette
marchandise : la qualité d'un sol y est exprimée
par son prix de fermage. Ainsi, on dit en Angleterre : L'acre de ce terrain vaut 5, 10, 20, 60, 80
shillings (1). On a toutefois égard aux circonstances locales, et certaines terres estimées 20 shillings dans une contrée, n'en valent que 12 dans
une autre. Cette appréciation empirique dispense
de tout classement; elle est d'autant plus désirable, qu'elle atteste les progrès de la civilisation.
L'indivisibilité de la propriété foncière l'a rendue
jusqu'à présent impossible dans l'Allemagne septentrionale.

110. Dans le Mecklenbourg, on estime la valeur
d'un champ ou d'un domaine en raison inverse de
la superficie qu'on peut ensemencer avec une mesure donnée de céréales. Ce mode d'appréciation
est fondé sur le principe que les meilleures terres
sont celles qui exigent le plus de semence. Bien
que le principe soit erroné, on peut se servir de
cette échelle; mais il faut l'employer avec circonspection, sans quoi on s'exposerait à de graves

(1) L'acre vaut 40 ares 67 centiares, et le shilling vaut
1 fr. 20 centimes.

erreurs, surtout si l'on évalue les domaines d'après la quantité de semence réellement répandue.

111. Les principes et les méthodes d'évaluation adoptés dans les provinces prussiennes par les administrations domaniales et ensuite par les instituts de crédit provinciaux, principes et méthodes devenus presque légaux et populaires, sont plus exacts que tous les autres ; mais leur complication en fait dépendre le résultat de l'intelligence et de la volonté de celui qui les applique : aussi voit-on souvent le taxateur augmenter d'un tiers, d'une moitié, ou même doubler l'estimation de son prédécesseur, sans qu'on puisse prouver légalement l'erreur ou l'injustice. Toute la méthode est calculée sur un bail court pour un domaine pourvu d'un certain mobilier, et se trouvant dans un certain état de culture dont le maintien doit être surveillé. On a supposé en outre une habileté et une loyauté particulières dans son emploi. Sous ce rapport et sous cette condition, elle est applicable moyennant quelques rectifications dans les principes adoptés, et la prise en considération de diverses circonstances. Mais, malgré toutes les corrections et toute l'intelligence possibles, cette méthode, ne donnant que la valeur du fonds d'exploitation, beaucoup plus variable que celle du sol, restera toujours incertaine dans son application à cette dernière. J'avoue néanmoins que sa suppression présenterait des difficultés qui tiennent en partie à la constitution, en partie à l'opinion publique, et qu'il ne faut pas trop se hâter de l'entreprendre.

Elle n'est d'ailleurs applicable qu'à un domaine considéré comme formant un tout. Si l'on voulait établir analytiquement la valeur de chaque pièce d'après l'estimation en bloc donnée par cette méthode, on s'exposerait à des difficultés, à des erreurs et à des différences énormes. Il est beaucoup plus facile et plus sûr, en procédant avec précaution, de déterminer synthétiquement la valeur du tout d'après celle de chaque partie.

On pourra prendre connaissance de cette méthode et de ses diverses modifications dans les instructions imprimées des anciennes chambres de finances et des instituts de crédit provinciaux.

112. La méthode d'évaluation dont nous venons de parler, a divisé les terres labourables suivant les principales espèces de céréales qui, dans notre système d'assolement triennal, peuvent y être cultivées avec le plus de succès, c'est-à-dire en terres à froment, terres à orge, terres à avoine, terres à seigle; puis elle a sous-divisé chacune de ces sortes de terres en plusieurs classes.

Cette division est, à mon avis, la plus convenable, et mérite d'être maintenue, puisqu'elle permet d'unir la considération de la force productive à celle de la constitution physique, et de déterminer ainsi plus exactement que de toute autre manière le caractère spécial de chaque sol.

Mais nous devons d'abord distinguer de toutes les autres terres, à cause de la grande différence de sa nature, le *terrain de bas-fond* ou *d'alluvion* qui, depuis la dernière formation de l'écorce du globe, a été déposé dans les bas-fonds ou sur les côtes par les eaux des rivières ou de la mer, ou s'est formé par la décomposition des végétaux aquatiques dans les vallées autrefois inondées.

113. On appelle en général *terre à froment* un sol argileux, compacte, souvent tenace, conservant l'humidité, sans toutefois être trop humide pour les semailles d'automne; parce que la culture du froment y est incontestablement plus avantageuse et plus sûre que celle du seigle. Elle contient ordinairement 60 pour 100 de terre entraînable par l'eau, et environ 40 pour 100 de sable; la première est souvent dans une plus forte proportion. On ne reconnaît habituellement que deux classes de terre à froment; nous y en ajouterons une troisième.

114. La première classe est celle des *fortes et riches* terres à froment, qui, après une seule fumure proportionnée à la quantité de paille qu'elles donnent, peuvent produire deux bonnes récoltes de froment séparées par une récolte d'orge et une année de jachère. Pour les ranger dans cette classe, on exige en moyenne au moins 22 hectolitres de froment et autant d'orge par hectare après la jachère fumée, 18 hectolitres de froment et autant d'orge après la jachère sans fumure. Il y a même des terres qui promettent une récolte moyenne de 26 à 35 hectolitres. Malgré l'excédant de frais de culture occasioné par la cohésion du sol, qui exige de bons labours donnés à propos, le produit net ou la rente foncière de

ces terres peut être évalué à 900 litres au moins de seigle par hectare; et la supériorité que leur donnent quelquefois un humus plus énergique, une quantité convenable de chaux, une position parfaite, et la profondeur de la couche végétative, peuvent le porter jusqu'à 1,500 litres. Elles conviennent à un grand nombre de plantes commerciales; le chou et plusieurs autres végétaux réussissent parfaitement sur les jachères.

115. La seconde classe est celle des terres à froment *ordinaires*, que leur pauvreté en humus et en chaux ou leur excès d'humidité rendent encore plus tenaces et plus difficiles à préparer que celles de la première. Quoique beaucoup plus propres à la culture du froment qu'à celle du seigle, elles peuvent donner une bonne récolte de cette dernière céréale quand elles ont reçu une fumure et des labours suffisants. Elles conviennent mieux à l'avoine qu'à l'orge. Les fèves de cheval réussissent fort bien sur la jachère, et donnent au champ la meilleure préparation pour le froment, surtout si elles ont été semées au drill et travaillées avec la houe à cheval. Ces terres produisent en moyenne 18 hectolitres de froment par hectare. Leur récolte brute est quelquefois considérable, mais elle est sujette à manquer; et leur exploitation dispendieuse réduit le produit net à 550 litres de seigle par hectare. Toutefois, la nature particulière d'une terre de cette espèce, une culture et une fumure constamment bonnes, peuvent l'approcher plus ou moins de la première classe.

3*

116. Les *pauvres* terres à froment, qui forment la troisième classe, sont celles que leur consistance excessivement tenace et rebelle, leur position froide et humide ou montagneuse, le peu d'épaisseur de leur couche végétative, leur épuisement, rendent encore plus propres à la culture du froment et de l'avoine qu'à celle du seigle, quoiqu'elles ne donnent guère que 9 hectolitres par hectare. Comme elles ne paient pas toujours les frais de leur culture, qui est très-difficile, on a l'habitude, dans certains pays, de les laisser plusieurs années en pâturage, après quoi on les défriche pour en retirer une récolte de froment et une d'avoine, le plus ordinairement sans fumure. Souvent le revenu de ces terres ne dépasse pas la valeur de 220 litres de seigle par hectare. De meilleures qualités naturelles, une culture plus active, des engrais suffisants, l'égouttement, peuvent cependant les élever par degrés jusqu'à la deuxième classe.

117. L'orge demande un terrain meuble, chaud, non exposé à l'humidité, mais pouvant la conserver ; elle exige en outre, pour bien réussir et donner un bon produit, une forte proportion d'humus soluble et sans acide. Un sol qui possède ces qualités prend le nom de *terre à orge*, quoiqu'on y sème une céréale d'hiver la première année. On ne peut en reconnaître que deux classes dont la seconde s'approche graduellement de la première et finit par se confondre avec elle : de sorte qu'ici, comme dans toute cette division, il est impossible d'établir une limite précise entre deux classes voisines.

118. Terre à orge de première classe: *riche, forte, grosse* terre à orge. Le froment y réussit bien après la jachère, et cette céréale y est généralement cultivée dans les pays où l'on en fait un usage habituel. Cependant la réussite du seigle est encore plus assurée, il épuise moins le sol, et donne une plus grande quantité de paille : il mérite donc la préférence dans les localités où la consommation en est considérable. Cette terre prend, suivant sa nature physique, le nom de *glaise douce*, de *riche sol moyen*, et de *terre marneuse* quand elle renferme de la chaux. Elle contient d'ordinaire environ 40 pour 100 de terre entraînable par l'eau, et à peu près 40 pour 100 de sable. La proportion de ce dernier peut être encore plus forte dans une position humide. Un peu de chaux augmente beaucoup la qualité. Une quantité suffisante d'humus fertile lui est indispensable ; et comme elle le perd plus facilement que les terres argileuses, on ne doit ranger dans la première classe des terres à orge que les sols qui ont toujours été bien fumés. Le produit moyen en seigle et en orge doit être de 18 hectolitres au moins par hectare. La récolte manque rarement, la culture est presque toujours facile en automne, et l'on peut économiser beaucoup la semence. Le revenu s'élève à 750 litres de seigle par hectare, et même plus haut dans les terres d'une qualité supérieure. Cette espèce de sol convient particulièrement au trèfle, à la luzerne, et à plusieurs autres plantes très-productives.

119. Terre à orge de seconde classe : *faible,*

petite terre à orge. Elle est presque toujours exclusivement consacrée à la culture de cette céréale. La terre à orge tombe dans cette classe :

1° Par une plus forte proportion de sable, qui lui fait prendre le nom de *glaise sablonneuse;*

2° Par une position sèche et élevée, jointe à une proportion modérée de sable;

3° Par le défaut de substance végétative occasioné par une fumure trop faible ou trop rare.

Il serait donc bien difficile de tracer une ligne de démarcation entre cette classe et la précédente. On range dans la seconde les terres dont on n'attend pas une récolte moyenne de plus de 13, ou même de 11 hectolitres par hectare; et comme il s'en trouve beaucoup dont une bonne culture peut porter le produit plus haut, on dit qu'elles tiennent le milieu entre les deux classes. Le produit net dépasse celui de la dernière classe des terres à froment : la facilité de la culture ne permet pas de l'évaluer au-dessous de 370 litres de seigle par hectare, et de là il s'élève par degrés à celui des terres à orge de première classe.

120. On appelle *terres à avoine* celles où l'on ne peut cultiver avec succès le froment comme céréale d'hiver, et l'orge comme céréale d'été. On donne cette dénomination à des sols d'une nature tout-à-fait opposée : leur *humidité,* comme leur *sècheresse,* ne convient point à la délicatesse de l'orge; tandis que l'avoine, céréale plus robuste, peut s'accommoder de l'une et de l'autre. Ces terres se divisent donc naturellement en deux espèces.

121. Terres à avoine *humides, à sous-sol calcaire.* Leur composition est quelquefois la même que celle de l'argile tenace des terres à froment de troisième classe. Mais l'humidité de l'hiver, à laquelle leur situation les expose, ne permet pas d'y cultiver le froment, et encore moins le seigle, de sorte qu'on est obligé de s'en tenir à l'avoine. Comme elles sont difficiles à labourer, on trouve ordinairement plus d'avantage à les laisser pendant plusieurs années en pâturage pour les bœufs et les chevaux, après quoi on en retire une ou plusieurs récoltes d'avoine, le plus souvent sans fumier, et dans l'unique but de rafraîchir le pâturage.

Quelquefois la couche végétative est sablonneuse ou caillouteuse, et repose sur une couche continue d'argile. Elles prennent alors le nom de *terres à fondrières, à sous-sol froid et humide;* on les appelle encore *terres âcres,* à cause des acides qui s'y développent ordinairement. Si elles ont été suffisamment égouttées, elles peuvent produire du seigle, mais non du froment.

La valeur de ces terres ne peut guère être fixée que d'une manière locale. Elles ont souvent beaucoup plus de prix comme pâturages que comme terres arables; on peut même en faire des prairies. Si on les soumet à l'assolement triennal, ce qui est contraire à leur nature lors même que la culture du seigle n'y est pas impossible, leur produit net est souvent au-dessous de zéro.

122. Terres à avoine *sèches et sablonneuses.* On range dans cette espèce :

1º Celles qui contiennent trop de sable, ou dont la position sèche et élevée ferait périr l'orge dans les années où il ne tombe pas une suffisante quantité de pluie;

2º Celles qui ont reçu trop peu d'engrais pour pouvoir nourrir cette céréale.

Du reste, elles ne conviennent pas très-bien à l'avoine, et on ne l'y cultive que pour récolter une céréale d'été. Il est généralement plus avantageux d'y cultiver le seigle plusieurs années de suite. Comme l'avoine y réussit d'autant moins qu'elles sont plus sablonneuses et plus épuisées, on les a divisées, dans quelques méthodes d'appréciation, en trois classes, suivant que, dans une période de neuf ans et après une seule fumure, on peut remplacer trois, deux, ou une seule fois le seigle par l'avoine. Mais cette distinction est trop sujette à varier suivant les vues individuelles; et il arrivera souvent qu'une terre dont on aura tiré trois récoltes d'avoine, se trouvera affaiblie au point de ne pouvoir plus en porter une seule; tandis que celle qu'on aura épargnée davantage en la faisant servir au pâturage des bêtes à laine, donnera un produit net plus élevé et conservera plus d'énergie. On ne peut donc évaluer ces terres que d'après leur produit net, qui s'élèvera par degrés depuis 180 litres de seigle jusqu'à 369, après quoi elles iront se confondre avec les terres à orge de seconde classe.

123. On appelle *terre à seigle* celle dont la nature sablonneuse ou l'épuisement y rendent incertaine la réussite de tout autre grain, à l'ex-

ception peut-être du sarrasin : encore ne peut-on
y cultiver le seigle qu'à certains intervalles.

124. Elle prend le nom de terre à seigle *de trois
ans*, *de six ans*, *de neuf ans*, ou *de douze ans*,
suivant qu'elle exige, pour donner une nouvelle
récolte de seigle, un repos de deux, de cinq, de
huit ou de onze ans. Les dernières espèces n'ont
guère d'autre utilité que de servir de pâturage
aux bêtes à laine dans les années humides. Le
produit net des meilleures espèces peut s'élever,
mais plutôt en les considérant comme pâturage de
moutons que comme terres arables, jusqu'à 179
litres de seigle, passé lequel degré elles rentrent
dans les terres à avoine.

125. On trouve quelquefois des terres sablonneuses dont la fertilité est tellement accrue par
une fumure abondante répétée chaque année ou
tous les deux ans, qu'elles peuvent donner de suite
plusieurs bonnes récoltes de seigle ou d'autres végétaux qui réussissent dans le sable fumé. Mais
elles ne se rencontrent guère que dans le voisinage des villes, d'où l'on peut tirer une grande
quantité d'engrais, ou dans les localités qui ont
beaucoup de prairies et peu de terres arables. Elles
ne peuvent s'entretenir dans un pareil état avec
leurs propres ressources, et retomberaient peu à
peu dans la classe des mauvaises terres à seigle si ce
secours extérieur venait à leur faillir, comme il
leur manque effectivement dans les circonstances
ordinaires. Leur valeur foncière ne peut donc être
déterminée que d'une manière locale.

126. Il suit de ce qui précède, que non-seulement la valeur, mais encore la classe, et même l'espèce d'un sol, dépendent de son état de culture et de fumure actuel. On suppose d'ailleurs qu'il puisse s'entretenir dans cet état de fumure par lui-même, c'est-à-dire avec le fumier provenant de sa paille jointe à un supplément de foin ou d'autres aliments que nous déterminerons dans la suite d'une manière plus précise. Dans le cas contraire, il faudrait l'y maintenir aux dépens des autres champs, qui, à l'exception de quelques cas particuliers, perdraient plus en valeur que le premier ne gagnerait. On peut toutefois admettre, en général, qu'une terre, au moyen d'une culture intelligente et qui ne perd pas de vue l'avenir, pourra conserver par elle-même l'état où elle a été placée naturellement et sans l'emploi de ressources trop artificielles. La dépréciation qui pourra résulter d'une culture mal-entendue ou excessivement épuisante, ne doit pas plus influer sur l'estimation actuelle, que la possibilité d'améliorer le sol par l'application constante d'une meilleure méthode.

127. Le *sol de bas-fond*, *de vallée*, *de marais*, ou *d'alluvion*, se distingue en général par une plus forte proportion de *terre végétale* ou *humus* plus ou moins soluble, qui le rend très-fertile quand la température est favorable, mais qui augmente sur lui l'influence de la mauvaise. Il est en outre exposé à de grands dangers de la part des eaux. En voici les principales espèces :

128. I. *Terre de marais grasse, argileuse,*

glaiseuse, noire, propre à la culture du froment.
Elle est généralement formée par le dépôt de la
vase fécondante des eaux, et se compose presque exclusivement d'argile et de terre végétale qui peuvent être séparées des corps solides par le lavage.
Quand elle est sans défaut, l'espace seul limite ses
produits en céréales, qui peuvent être semées très-
épais : on a récolté 66 hectolitres, et même plus,
de froment par hectare. Tous les végétaux qui
demandent une forte nourriture, y arrivent au degré de perfection que le climat leur permet d'atteindre. Mais cette terre offre souvent des défec-
tuosités de divers genres : elle peut être sujette à
l'humidité et aux inondations, avoir une couche végétative trop superficielle et un sous-sol vicieux; si
elle ne contient pas de chaux, elle peut être satu-
rée d'acides qui se combinent quelquefois avec le
fer d'une manière funeste à la végétation. Son appréciation physique exige beaucoup de circonspection ; mais, le sol des contrées basses étant très-
recherché et passant fréquemment de main en
main par pièces isolées, ses propriétés, sa valeur
et son prix y sont assez bien déterminés.

129. II. *Terre meuble, grasse, noire; terre de
prairie; terre à orge de bas-fond.* Une plus grande
quantité de terre végétale ou de sable proportionnellement à l'argile, la rend plus meuble et plus
friable que l'espèce précédente. L'humidité, qu'elle
absorbe comme une éponge, la rend bourbeuse;
mais elle la laisse facilement échapper à sa surface, et alors elle devient poudreuse, au lieu de
durcir comme la première. Le froment y souffri-

rait trop pendant l'hiver ; mais l'orge et plusieurs autres plantes y réussissent à merveille quand elle ne contient pas trop d'acide libre. Elle n'est pas tout-à-fait aussi fertile que la première espèce, mais elle offre l'avantage d'une culture très-facile. Cette terre est sujette aux mêmes vices que la précédente, et son produit dépend beaucoup de la température, l'excès de sécheresse et d'humidité lui étant également contraire.

130. III. *Terre tourbeuse*. Je n'entends pas sous cette dénomination la tourbe proprement dite, mais une espèce de couche superficielle qui se rencontre souvent dans les vallées, et qui consiste ordinairement dans une substance végétale fibreuse, peu soluble, imparfaitement décomposée, et ressemblant beaucoup à la tourbe. L'avoine est, de toutes les céréales, celle qui y réussit le mieux.

131. IV. *Terre de marais*. Elle a une surabondance de terre végétale entièrement décomposée, mais en partie insoluble et carbonisée. Elle est noire comme du charbon, et plus ou moins mauvaise. On peut y cultiver l'avoine, et ensuite le seigle si la situation est favorable.

132. Les espèces de terres qui suivent rentrent les unes dans les autres, et néanmoins chacune d'elles peut être divisée en plusieurs classes dont la valeur proportionnelle, étant difficile à déterminer d'après leurs qualités sensibles, doit être laissée à l'appréciation de ceux qui ont appris à les connaître par des expériences locales. Dans

certains cas il est plus avantageux d'exploiter les terres de bas-fond en prairies et en pâturages que de les labourer; dans d'autres cas il est préférable d'alterner les deux modes.

133. On distingue plusieurs sortes de prairies :

a) Celles qui bordent les grandes rivières dans les vallées, et sont fréquemment humectées par des débordements modérés et bienfaisants ;

b) Les prairies situées sur les bords de petits ruisseaux qui servent ou pourraient servir à les irriguer à volonté ;

c) Celles qui sont situées dans d'étroits vallons, entre des terres cultivées dont elles reçoivent une humidité fécondante ;

d) Celles dont le sol, ordinairement placé au pied des montagnes, est rempli de sources ;

e) Les prairies tourbeuses ou marécageuses.

Toutefois, on ne saurait conclure directement de la nature de ces prés à la quantité et à la qualité du foin : elles ne peuvent être sûrement déterminées que par l'expérience. Un connaisseur approcherait de l'exactitude par l'examen des espèces et de la proportion des plantes qui couvrent les prairies. Le danger plus ou moins grand des inondations intempestives est aussi une considération de la plus grande importance.

134. Sous le rapport de la qualité, on reconnaît trois espèces de foin :

a) Foin gras, nourrissant, fortifiant ;

b) Foin sain, doux, profitable quoique moins nourrissant;

c) Foin maigre, dur, acide.

D'après leur emploi et la moyenne des prix de marché, qui changent souvent de proportion avec celui des céréales suivant les temps et les lieux, on peut évaluer le quintal (50 kilog.) de la première espèce à 30 litres de seigle, celui de la seconde à 25, et celui de la troisième à 20.

135. La qualité et la valeur du foin étant connus, on recherchera la quantité : ces trois éléments réunis conduiront à la détermination du produit brut; on déduira les frais, qui sont proportionnellement moins élevés pour un bon pré que pour un mauvais; de cette soustraction résultera le produit net, au moyen duquel on parviendra sans peine à fixer la valeur foncière de la prairie.

136. La valeur des pâturages dépend de l'utilité qu'on retire des bestiaux qui en consomment les herbes. Quand on a calculé les produits donnés par une bête de pacage pendant le cours d'une année, déduit du total la nourriture d'hiver et les autres frais, et compensé la paille avec le fumier, l'excédant est pour le pâturage. Et comme les frais et les produits des vaches sont ceux qui se prêtent le mieux à ces calculs, les pâturages de vaches servent de terme de comparaison pour déterminer, en observant certaines proportions, la valeur des pâturages employés à la nourriture des autres bestiaux.

137. Le pâturage à lieu comme emploi principal :

a) Sur les sols incultes qui sont encore à l'état de nature : ce qui, dans les contrées peuplées et cultivées, ne se fait guère que par suite d'obstacles physiques ou légaux qui s'opposent à un meilleur emploi ;

b) Sur des terres herbeuses soumises à une certaine culture, et auxquelles les circonstances locales semblent assigner la production du lait et de la viande comme l'emploi le plus avantageux ;

Comme emploi secondaire :

c) Sur les jachères et les chaumes, ou sur les terres qu'on laisse en herbes quelques années pour augmenter leur énergie productive;

d) Sur les prairies, au printemps et après la récolte ;

e) Dans les forêts, où le pâturage varie beaucoup suivant l'essence et l'état du bois.

Le pâturage est *privé* ou *commun* ; on l'exerce sur sa propriété, ou comme servitude sur la propriété d'autrui.

138. Les jardins potagers ou fruitiers et les vergers ne se distinguent des terres arables, sous le rapport de leur valeur, que par un meilleur état de culture.

139. Les étangs empoissonnés peuvent être appréciés d'après certains principes généraux. La

pêche de rivière, qu'on ne peut exercer que sur
son fonds, n'offre guère d'autre donnée d'évaluation que la moyenne de son produit.

140. L'estimation des bois exige des connaissances forestières. Elle peut être basée sur une
considération économique ou mercantile. La première consiste dans le calcul et la capitalisation
de la quantité de bois qu'on peut abattre chaque
année, en conservant toujours la forêt dans le
même état au moyen de la végétation annuelle.
La seconde a en vue la valeur du bois actuellement existant, à supposer qu'il fût coupé et vendu
en même temps, après quoi resterait la valeur du
sol déboisé. Le résultat de ces deux sortes d'évaluations peut offrir de grandes différences.

Pour estimer la valeur d'une tourbière considérable, il faut posséder des connaissances économiques sur l'exploitation de la tourbe.

DOMAINE.

141. On appelle *domaine* un tout considéré
comme unité, destiné à l'exercice de l'industrie
agricole, composé d'un plus ou moins grand
nombre de pièces de terre, et pourvu des constructions qui, d'après les idées communes, sont
indispensables à l'exploitation. On ajoute à la consistance matérielle de la terre les priviléges qui y
sont attachés dans certains pays, et l'on donne
même le nom de *domaine* à de simples priviléges
sans aucune propriété foncière actuelle, mais qui

proviennent de réserves faites dans un ancien
contrat d'aliénation.

142. Souvent l'opinion et même les lois ont fait
de cette réunion de fonds et de priviléges un tout
indivisible. Cette institution du système féodal n'a
pas disparu partout avec lui, et l'on a vu souvent
plus tard former et accueillir une demande en
revendication pour une partie de domaine alié-
née par le précédent propriétaire. Il n'existe aucune raison générale en faveur de cette indisso-
lubilité d'une liaison souvent mal conçue. Mais
souvent aussi les circonstances de temps et de
localité font dépendre de cette réunion la valeur
du tout et de ses parties, et rendraient le morcellement désavantageux ou impossible. La seule
appropriation des bâtiments est un grand obstacle à la division. L'intégralité n'est donc pas
indigne de faveur; mais il serait injuste d'empêcher le morcellement quand la position personnelle, les circonstances de lieu et de temps, peuvent le rendre avantageux.

143. Les bâtiments forment souvent une partie
considérable de la valeur d'un domaine; et il est
des cas où leur construction à neuf suivant le
mode actuel balancerait le prix des terres. Sans
doute, des bâtiments convenables sont aussi importants pour l'agriculteur que les machines pour
le fabricant, et les magasins pour le marchand :
ils facilitent l'exploitation et économisent le travail. Mais les frais de leur construction excèdent
aujourd'hui les forces du propriétaire : elle a

exigé des capitaux qui, appliqués à d'autres améliorations, auraient été infiniment plus productifs.
Ce qu'il faut à l'agriculture, ce sont des bâtiments
d'une construction facile et peu dispendieuse; et,
dussent-ils ne durer que trente ans, s'ils coûtent
moitié de ceux qui durent des siècles, ils présentent d'autant plus d'avantage, qu'on peut mieux
les approprier aux besoins et les transporter dans
le local le plus convenable.

144. Il est très-important que les bâtiments
d'exploitation soient dans une bonne position, et
puissent communiquer avec les principaux points
de la propriété par des chemins directs et d'une
longueur à peu près égale.

145. On s'attache beaucoup à la juste proportion
des éléments matériels d'un domaine, surtout à
celle des prairies et des pâturages avec les terres
arables. Il était naturel qu'on préférât une propriété qui renfermait beaucoup de prairies, à celle
qui n'en avait qu'une petite quantité, quand cette
différence n'en apportait aucune dans le prix d'estimation, parce que les prés étaient portés à un
taux trop bas, et que, tout en reconnaissant leur
valeur, on les plaçait au-dessous des champs, et
on les jugeait presque incapables de donner aucun produit sans ces derniers. De plus, dans le
système d'assolement triennal, les prairies et les
pâturages sont absolument indispensables, et leur
insuffisance peut diminuer sensiblement le produit des terres arables. D'autres assolements permettent de leur substituer alternativement diverses

parties des champs que leur nature rend propres
à la production des plantes fourragères, et qu'on
remplace à leur tour par les prairies et les pâturages susceptibles d'une culture avantageuse. Cette
alternation diminue de beaucoup la nécessité et
la valeur des prairies naturelles.

146. Tout le monde reconnaît l'importance de
la réunion des terres, surtout de celles qui appartiennent à la même espèce. La multiplicité des
pièces qui composent un domaine, leur enclave-
ment dans d'autres propriétés, paralysent les mouvements de l'exploitation, font perdre du temps
et du travail, restreignent la liberté de l'emploi,
gênent la culture, et empêchent les améliorations.
On ne saurait donc trop louer la sagesse des lois
qui favorisent la recomposition des grandes pièces par des moyens conciliables avec les mœurs
actuelles. Un propriétaire peut souvent, par cette
mesure, doubler le produit net de son domaine.

147. L'uniformité de nature des terres facilite
beaucoup la culture. Néanmoins, la variété de leur
composition physique offre des avantages réels à
l'agriculteur intelligent et attentif qui sait tirer
parti du sable comme de l'argile, et qui ne veut
pas s'astreindre à un système préétabli.

148. Il est incontestable que le sol le plus fertile
est celui dont l'exploitation est le plus profitable.
Mais on peut demander si, le prix des terres étant
justement réglé d'après leur degré habituel d'é-
nergie productive, il vaut mieux, pour un capital

donné, acheter peu de bonnes terres ou beaucoup de mauvaises. La réponse à cette question dépend de considérations personnelles. Les bonnes conviennent à celui qui n'acquiert un domaine que pour en retirer des rentes, et les mauvaises à celui qui veut employer son activité et son intelligence à la culture de sa propriété.

149. Nous appelons *petit domaine* celui dont l'agriculteur exécute lui-même les travaux avec sa famille ou ses domestiques; *domaine moyen* celui où l'activité d'un seul suffit à la direction et à la surveillance, sans toutefois lui permettre de se livrer à aucune occupation manuelle; et *grand domaine* celui qui exige plusieurs surveillants soumis à la direction du maître. Cette manière de déterminer la grandeur d'un domaine est préférable à toute autre, et surtout à celle qui aurait pour base l'étendue superficielle. — Quels sont, sous le rapport de leur grandeur, les domaines qui offrent le plus d'avantages pour la prospérité nationale? Cette question ne peut être résolue d'une manière générale: la réponse dépend de la distribution des capitaux entre les classes agricoles, et de la population du pays. Quoique le produit du sol divisé en petites propriétés puisse être accru par la diligence d'agriculteurs qui travaillent pour eux-mêmes, les grandes ont l'inappréciable avantage de la division du travail (23 et 24), qui permet d'en exécuter une plus grande somme avec la même force; et, contrairement à l'opinion générale, leur exploitation exige des capitaux proportionnellement moins considérables. La répartition de la fortune consa-

crée à l'agriculture étant très-inégale dans tous les pays, il est bon qu'il y ait des domaines de différentes grandeurs; et il se formera des masses proportionnées à cette répartition et à la population, pourvu qu'on laisse une entière liberté au morcellement et à la réunion. Une division en trop petites parcelles n'est ni possible ni désirable dans un pays industrieux, où elle offrirait à l'individu peu fortuné moins de ressources qu'il ne peut s'en procurer en travaillant pour autrui; et son intérêt particulier se trouve en cela d'accord avec l'intérêt général. Une nation sans ouvriers de cette espèce serait une pauvre nation. On ne saurait craindre non plus l'accumulation excessive de la propriété foncière dans les mêmes mains, à moins que la possession réelle n'en soit donnée à des corporations et à des majorats. Si ces corporations et ces majorats étaient admis par la constitution, on pourrait faire consister leurs revenus en rentes fixes.

La surveillance exacte et clairvoyante d'une seule personne peut faire rendre à une exploitation de médiocre importance un produit *relativement* plus élevé que celui d'un grand domaine. Mais ce dernier, au moyen des secours que peuvent se prêter mutuellement les différentes métairies qui le composent, jouit souvent d'un avantage qui manque au premier, et donne réellement un plus grand bénéfice *absolu* (10). L'agriculteur doit bien se garder, toutefois, de rien entreprendre qui soit au-delà de ses forces, et il ferait mieux d'en laisser une partie sans emploi que de les dépasser : car, lors même qu'il serait possible de les calculer avec exactitude, divers incidents peuvent les faire varier.

150. Des *eaux* suffisantes et situées de manière à pouvoir être utilisées, les rivières, les ruisseaux, les étangs, ont une grande influence sur l'agriculture, et méritent une attention particulière dans l'appréciation d'un domaine, lors même qu'ils ne donnent aucun produit immédiat. Le manque d'eau est très-désavantageux.

151. La situation *géographique* d'un domaine a beaucoup d'importance quant au débit des produits et aux autres considérations *mercantiles*, et souvent aussi sous le rapport de l'influence du *climat*.

152. Celui qui est attaché à sa patrie par l'héritage de ses pères, est peu disposé à la quitter : il acceptera les circonstances telles qu'elles sont, et saura y avoir égard dans l'exercice de sa profession. Mais quand on est complètement libre dans l'emploi de son capital, il faut prendre en considération la *police*, l'état *politique*, *financier*, *législatif*, *militaire*, *statistique*, *religieux* et *moral* du pays dans lequel on veut s'établir avec sa famille par l'achat d'un domaine, c'est-à-dire plus solidement que de toute autre manière. On a peut-être moins à s'occuper de l'état actuel que de la tendance progressive ou rétrograde. Et comme les rapports civils et sociaux ne se ressemblent pas dans toutes les provinces et les contrées soumises à un même gouvernement, on pourrait s'exposer à un repentir tardif en ne tenant pas compte de cette différence.

*Nous n'avons pas cru devoir supprimer les détails donnés dans les n*os *153-171 et 175, bien qu'ils soient entièrement relatifs au droit féodal, depuis long-temps aboli en France : car, outre qu'ils ont leur intérêt historique, ils sont très-propres à faire apprécier au lecteur français la supériorité et les bienfaits de notre législation libérale et égalitaire, fruit de notre grande révolution.* (N. du Tr.)

153. Tantôt la possession d'un domaine est complétement libre, de manière qu'il peut être légué ou aliéné à volonté; tantôt la disposition en est plus ou moins limitée par le vasselage, le cens, l'emphytéose, et la prélation, qui diffèrent non-seulement pour chaque pays, mais pour chaque propriété, et quelquefois même pour chacune de ses parties. L'acquéreur doit donc s'en informer et les examiner avec soin, pour se garantir, souvent par de simples formalités, des réclamations qui pourraient le troubler dans sa possession. La différence entre le fief et l'alleu est quelquefois très-grande; d'autres fois elle peut être effacée par des mesures plus ou moins dispendieuses.

154. Sous le rapport des droits actifs ou passifs, nous distinguerons les biens *nobles* ou *seigneuriaux*, les biens *inféodés* ou de *paysans*, les biens *bourgeois* ou *libres*, et les biens *ecclésiastiques*.

Cette distinction tire son origine des temps où, après le bouleversement causé en Europe par les migrations des peuples barbares, la propriété foncière s'organisa de nouveau sous la forme du système féodal. Le sol fut distribué, mais le plus souvent en fief et seulement pour la durée de la vie, aux hommes libres en état de porter les armes, qui, se souciant peu de le cultiver, l'abandonnèrent à leurs serviteurs et aux indigènes restés dans le pays, et recevaient une partie du produit pour leur entretien et celui de leur bétail, puis une autre partie qu'ils devaient à leur suzerain pour ses besoins et ceux de ses cavaliers, outre les autres obligations auxquelles ils étaient tenus envers lui.

155. Après l'établissement des monarchies, les revenus du souverain et de l'état se bornaient d'abord au produit des biens domaniaux, aux droits d'escorte et à quelques autres droits régaliens. Les vassaux étaient tenus, sur la convocation du prince, d'aller combattre, avec leurs sujets, pour sa défense et celle du pays, et de lui garder en tout temps fidélité, respect et obéissance. Lorsqu'après la fondation des villes, du commerce et de l'industrie, la civilisation fit des progrès, et que le maintien de l'ordre légal, du repos et de la sûreté intérieure et extérieure, exigea de plus grandes dépenses et par suite l'établissement des impôts, les vassaux ne pensèrent pas devoir se soustraire à cette contribution, et laissèrent imposer leurs paysans et leurs sujets ; mais par-là ils se crurent libérés de l'obligation du service militaire gratuit envers leur souverain. Ils profitèrent même de leur droit de siéger aux états pour faire souscrire au prince, quand il se trouvait dans une position embarrassée, des actes qui affranchissaient leurs personnes et leurs biens de toute contribution.

De là est venue la franchise des nobles et de leurs propriétés, franchise qui paraît en contradiction évidente avec tous les principes de la société civile et politique, mais qui a reçu dans les derniers temps d'importantes modifications, du consentement même des nobles, provoqué par les hommes les plus intelligents de cette classe. Sa suppression complète, subite et violente, désirée par quelques - uns, heurterait le haut principe politique de la justice, puisqu'elle est une propriété utile constitutionnellement reconnue, souvent payée par des acquéreurs confiants dans son inviolabilité, et qui ne pourrait justement leur être enlevée sans une indemnité qu'ils trouveraient peut-être suffisamment dans une entière liberté industrielle non limitée par les taxes.

Pour avoir des notions plus étendues sur cette franchise, qui change de nom suivant son objet, on peut recourir aux lois fiscales de chaque pays et de chaque province.

156. Nous parlerons encore de quelques autres droits plutôt *agréables* qu'utiles sous le rapport pécuniaire, et attachés à la plupart des biens seigneuriaux.

Juridiction patrimoniale. Est-elle un droit originel? Est-elle une émanation de la puissance souveraine? La première partie de la question est historique dans la plupart des cas; la seconde est du ressort de la jurisprudence. Dans son entière extension, elle contredit le premier principe du droit: Personne ne doit être juge dans sa propre cause. Mais cette extension est restreinte en ce que les juges qui exercent cette juridiction sont subordonnés à l'administration supérieure de la justice et responsables envers elle ; et , quoique sujette à quelques abus que l'on pourrait prévenir , cette institution se recommande en ce qu'elle abrège les débats rendus si longs devant les autres tribunaux par l'intervention des avocats ; qu'elle met un frein à la fureur des procès qui tend à s'emparer du peuple de la campagne ; que , la discussion ayant lieu verbalement et sur place au moyen d'une connaissance particulière des personnes et des localités , ses décisions sont plus promptes , généralement plus justes , et plus sûres de l'assentiment des deux parties ; qu'elle impose aux petits délits des peines qui font d'autant plus d'impression qu'elles sont immédiates , et réprime ainsi à l'instant des contraventions que l'exemple pourrait multiplier. Ajoutons à ces avantages l'exacte surveillance du seigneur , toujours intéressé à une bonne administration judiciaire. On les trouverait peut-être également dans les justices de paix avec les modifications établies en Angleterre , mais jamais dans les tribunaux de cercle. La haute juridiction criminelle seule ne peut être circonscrite dans de si étroites limites , parce que la négligence apportée dans son exercice compromettrait la sûreté publique.

157. Le droit de *collation*, quoique souvent onéreux sous le rapport pécuniaire , n'est pas à dédaigner pour un propriétaire éclairé et philanthrope qui prend intérêt aux dispositions religieuses des habitants de sa localité. Seulement, il serait à souhaiter que les revenus des curés, ainsi que les obligations du seigneur et de la commune

envers eux, fussent déterminés d'une manière
plus précise, et non abandonnés aux caprices de
l'usage: car l'esprit de corps qui a toujours régné
dans le clergé, lui sert tantôt de prétexte, tantôt
de motif réel, pour étendre ses prétentions au
point d'exciter une réaction qui livre aux senti-
ments haineux le domaine de la paix divine.

L'école et l'éducation des enfants sont encore
plus importantes aux yeux du propriétaire qui ré-
fléchit: il faut espérer que cette importance sera
généralement reconnue, et que, par suite, les écoles
deviendront l'objet d'une surveillance plus attentive. L'établissement d'éducation de *Fellenberg*
pour les enfants pauvres est ce que nous avons de
plus parfait en ce genre.

158. Le droit de *siéger aux états* semble devoir
subir de grandes modifications; mais il conservera
ce qu'il a d'essentiel: car il est reconnu que les
propriétaires sont ceux qui prennent et doivent
prendre le plus d'intérêt à la sûreté, à l'indépen-
dance et à la prospérité du pays, l'intérêt général
se trouvant ici plus intimement lié à l'intérêt personnel que dans les autres classes de la société.

159. Les droits des domaines nobles sur les
biens, et quelquefois même sur la personne des
paysans, procèdent des obligations de ces derniers: nous devons donc faire connaître en même
temps ces droits et ces obligations, après avoir
examiné d'abord ce que c'est qu'un bien inféodé.

Dans l'origine, tous les biens inféodés étaient
sans doute la propriété du seigneur, et les paysans

devaient être considérés comme ses domestiques.
Mais quand la noblesse, repoussant les prétentions
d'un gentilhomme, l'avait relégué dans la classe
des roturiers, cette dégradation donnait à l'état une
sorte de copropriété sur ces métairies, les droits
du seigneur se trouvaient ainsi restreints, et le
paysan lui-même était élevé au rang de citoyen,
quoique dans plusieurs pays cette qualité ne lui
ait pas été formellement reconnue. Lors même
que les paysans n'avaient encore dans ces contrées aucune propriété individuelle, les biens inféodés durent être cédés, dans l'état où ils étaient,
à des personnes de cette classe, sous des conditions
souvent arbitraires, mais toujours telles que le
paysan pouvait les observer, et remplir ses obligations envers le souverain.

De là et de quelques autres institutions ame-
nées par les circonstances de temps et de localité,
est résultée une grande variété dans les rapports
de seigneurs à paysans, et dans les obligations de
ceux-ci envers les premiers : de sorte que la dénomination de biens inféodés ne peut suffire pour
déterminer la position de ceux qui les possèdent.

160. On peut toutefois distinguer les paysans
en trois classes principales.

a) Les uns, auxquels on donne en Allemagne
le nom de *Pachtbauern* (paysans fermiers), ne
tiennent leurs biens que de la volonté du propriétaire, mais ordinairement pour toute la durée
de leur vie. Les conditions doivent être réglées
de manière à assurer le paiement du fermage,
qui consiste en services déterminés, en produits
naturels, ou en argent.

b) Les prestations des paysans de la seconde classe, appelés en allemand *Lassbauern*, ne peuvent être élevées, ni leur ferme diminuée ou modifiée, sans le consentement des deux parties. Elle ne peut leur être enlevée que par les voies légales, et passe à leur descendance. Mais le choix du successeur parmi les enfants existants appartient au seigneur, et la ferme n'est pas comprise dans le partage. S'il n'y a pas de postérité, le seigneur peut la concéder à qui il lui plaît, mais sans y faire aucun changement.

c) Les *Erbbauern* (paysans héréditaires) possèdent leurs biens héréditairement moyennant certaines prestations déterminées. Ils peuvent même, si aucune obligation de famille ne s'y oppose, les aliéner avec le consentement formel du propriétaire, qui n'est jamais refusé sans de bonnes raisons particulières, pourvu qu'on lui paie la laudmie (1) fixée par les titres.

Du reste, il serait impossible d'énumérer toutes les dénominations données aux biens inféodés suivant la diversité de leurs droits, de leurs obligations, de leurs usages, de leur grandeur, et qui sont particulières à chaque province de l'Allemagne.

161. Les biens libres sont ou des démembrements de terres nobles et domaniales, ou des biens inféodés affranchis. Dans ce dernier cas, ils n'ont aucune obligation envers un autre domaine, mais

(1) Droit que les seigneurs percevaient sur les mutations de fonds. (*N. du T.*)

ils sont tenus, envers l'état, aux mêmes obligations que les biens inféodés. Quelquefois ils sont formés de la réunion de fonds communaux et ecclésiastiques.

162. Parmi les droits des biens nobles sur les biens inféodés, on distingue principalement la *corvée*.

Les corvées *fixes* consistent dans un travail déterminé par jours, par espèces ou par quantités.

Quelquefois la quantité à exécuter dans chaque espèce est réglée pour chaque jour. Dans d'autres cas le paysan est seulement obligé de cultiver ou de récolter une certaine portion du domaine, de fournir un certain nombre de charrois pendant l'année : ce qui est ordinairement basé sur des conventions particulières. Outre les corvées ordinaires, il y en a encore d'*extraordinaires* pour les constructions, la chasse, la pêche, la coupe des bois, etc. : tantôt elles remplacent les corvées ordinaires, tantôt elles sont dues sans aucune déduction sur ces dernières.

Les corvées *arbitraires* font du paysan un véritable domestique à l'entretien duquel le seigneur doit pourvoir. Dans certaines localités, le paysan est obligé de tenir des attelages, des instruments et des domestiques exclusivement destinés à ce service, et dont les forces limitent ses obligations. Cette position lui procure quelquefois une aisance remarquable.

On distingue encore :

Les *corvées d'animaux*, qui consistent dans un

attelage de quatre, trois, deux chevaux, ou du même nombre de bœufs, avec le conducteur;

Et les *corvées personnelles* d'*homme* ou de *femme*.

Il y a aussi des corvées qui consistent en courses et messages pour le service du seigneur.

163. Autant ces institutions ont pu convenir aux mœurs et au caractère des temps où elles prirent naissance, autant elles répugnent aux habitudes de notre époque, où la prédominance de l'esprit mercantile est l'inévitable effet des progrès de la civilisation. Elles sont devenues tellement nuisibles aux deux parties, et par suite au bien-être général, que leur abolition successive doit nécessairement s'opérer partout avec une plus ou moins grande rapidité, à l'exception peut-être de quelques cas isolés et extrêmement rares. Il ne s'agit que de trouver une juste compensation offrant un dédommagement suffisant pour l'utilité réelle qu'elles peuvent avoir conservée, sans être trop onéreuse au paysan chargé de la fournir : ce qui présentera peu de difficulté si chacun entend ses véritables intérêts, puisque le tort qu'en souffrent les obligés dépasse de beaucoup le profit qu'elles procurent aux privilégiés. Mais la vérité est voilée par un épais nuage de préjugés, et la paresse tient à conserver un point d'appui trop faible pour résister au mouvement qui agite le monde moral. Un état disposé à suivre le courant du progrès au lieu d'y résister, doit avant tout faire disparaître les obstacles qui ferment la principale source de sa puissance et de sa richesse.

La corvée, surtout celle d'attelages, empêche l'application des méthodes perfectionnées aux domaines privilégiés. Le paysan n'est obligé qu'à cultiver le champ suivant les mauvais procédés et avec les instruments imparfaits auxquels il est accoutumé. La perte causée par l'imperfection de cette culture suffit souvent pour balancer une économie et un avantage apparents : c'est ce qu'ont fort bien compris presque tous les agriculteurs véritablement intelligents.

Avec le servage, disparaissent les moyens violents employés pour forcer le paysan à remplir à l'instant ses obligations ; les travaux agricoles souffrent du retard qu'ils éprouvent en attendant une décision judiciaire souvent impossible. L'obstination monte au plus haut degré quand le paysan voit plusieurs de ses pareils déchargés de cet odieux fardeau qu'il regarde comme avilissant. Si vous voulez nager contre le courant, vos efforts seront pénibles et infructueux.

164. Le *service forcé*, qui obligeait les fils et les filles des paysans à passer un certain nombre de leurs années dans le domaine du seigneur pour un salaire minime et un chétif entretien, et d'y rester ensuite, jusqu'à leur établissement, pour un gage ordinaire, si le maître l'exigeait : ce service, disons-nous, qui semble être une suite du servage, s'est maintenu dans des localités où ce dernier est depuis long-temps aboli. Dans les états prussiens, il tombe avec la féodalité. On vantait beaucoup l'instruction donnée aux jeunes gens

soumis à ce service; mais elle n'était propre qu'à engendrer la lâcheté et la dissimulation.

165. L'institution du servage entraîne encore dans sa chute les taxes d'*affranchissement* (1) et d'*émigration* (2). Tous les propriétaires, sentant que ces droits étaient une usurpation incompatible avec notre époque, supportent sans regret la perte pécuniaire qui résulte de leur suppression.

166. Certains droits attachés à la possession d'un domaine, tels que la *banalité* du *moulin* et du *cabaret*, ne peuvent être regardés comme supprimés sans indemnité, même par la proclamation de la liberté industrielle. Mais ces droits pourraient bien être éludés si on ne les abandonne pour une modique compensation.

167. Les *redevances* ont, depuis une époque plus ou moins ancienne, remplacé les corvées en tout ou en partie dans beaucoup de localités. Elles se paient en argent ou en produits naturels. Ce dernier mode mérite la préférence lorsque la qualité et la quantité sont bien déterminées. Le rachat au moyen d'un capital peut être avantageux aux deux parties, et devrait être facilité. Mais des

(1) Prix qu'un serf devait payer à son seigneur pour entrer dans la condition des hommes libres.

(Note du traducteur.)

(2) La taxe de détraction était une somme d'argent au moyen de laquelle un sujet obtenait la permission d'aller s'établir hors de la seigneurie.

(Note du traducteur.)

offres raisonnables de la part de l'une d'elles ne
paraissent pas un motif suffisant pour forcer l'autre à accepter ses propositions.

168. Certains droits particuliers exercés sur le
fonds et les récoltes d'autrui, sans faire partie des
institutions qui règlent les rapports de propriétaire à paysan, ont quelquefois avec elles une liaison plus ou moins intime.

De ce nombre est le droit de percevoir la *dîme*
des fruits. Le clergé l'a puisée dans la loi de
Moyse, quoiqu'il ne jouisse plus aujourd'hui de
toutes les dîmes établies par cette constitution. Des
seigneurs ont aussi imposé la dîme à leurs sujets
comme une de leurs charges principales, et l'on
a vu des domaines seigneuriaux dont presque toutes les terres ont été abandonnées en échange de
cette prestation. Les administrations domaniales
de plusieurs pays l'ont stipulée comme leur revenu le plus important; et quand elles livrent à
l'agriculture des terres jusqu'alors incultes, c'est
à la condition de payer cet impôt, qu'on nomme
alors la *dîme de défrichement.* Elle est établie
dans certaines provinces comme droit régalien sur
la plupart des terres, en particulier sur celles des
villes, et même sur quelques terres nobles. Il est
des contrées où l'on trouverait difficilement une
propriété franche de la dîme, et où cette contribution est regardée comme une règle si générale,
qu'une terre noble est en même temps débitrice
et créancière de la dîme envers une autre terre de
la même classe.

169. La dîme n'est pas toujours, comme son nom l'indique, le prélèvement de la dixième gerbe : on donne quelquefois la onzième, souvent la quinzième ou la trentième. La dîme est ordinairement payée sur tous les fruits, quelquefois la jachère ensemencée en est exempte. Le décimé est ordinairement chargé du transport, qui exige, dans certains cas, de nombreux voyages à une distance de plusieurs lieues. Les lois les plus récentes sur cette matière sont, dans bien des pays, presque toutes contre le cultivateur : elles abandonnent souvent au caprice du privilégié la fixation du jour où il voudra bien user de son droit, et personne ne peut toucher à ses récoltes avant le prélèvement des dîmes sur toute l'étendue du finage. Aussi voit-on des juifs et d'infâmes usuriers offrir pour le fermage des dîmes un prix très-élevé, et imposer ensuite aux laboureurs des conditions impitoyables que ceux-ci sont forcés d'accepter pour ne pas s'exposer à perdre, par un retard calculé de la part de leurs oppresseurs, une partie considérable de leurs récoltes.

170. Cette contribution, que plusieurs ont trouvée juste et convenable, est devenue, par suite de ces abus, le plus insupportable et le plus odieux de tous les impôts. Mais elle est, de plus, nuisible en elle-même, et entrave les progrès de l'agriculture : en effet, la dîme ne pèse pas uniquement sur le sol, comme on l'a prétendu, mais encore sur le *travail*, les *capitaux* et le *talent* appliqués à la création de ses produits. Tant que ces trois derniers éléments resteront dans les proportions

actuelles, on pourra bien la considérer comme impôt foncier; mais s'ils avaient une plus grande part à la production, tout l'avantage en reviendrait au décimateur. Ne dépenseriez-vous pas volontiers 100 f. de plus pour la culture d'un champ, si vous espériez augmenter de 110 f. la valeur de la récolte, et retirer ainsi de votre capital un bénéfice de 10 pour 100? Mais si l'on vient vous enlever 11 fr. sur cette augmentation, il ne vous en restera plus que 99, et vous aurez le chagrin de voir passer en des mains étrangères une partie de votre argent et tout le fruit de votre industrie. Si au découragement naturel dans une semblable position l'on ajoute la perte du dixième de la paille, et par suite une diminution proportionnée dans la quantité d'engrais, on ne sera plus étonné de voir le fonds libre se distinguer, par la supériorité de sa culture, du fonds décimé situé sur le même finage. On ne le sera pas non plus de la végétation luxuriante des terres privilégiées, malgré leur mauvaise culture, puisqu'un domaine de 100 hectares profite quelquefois de la dîme levée sur 2,000 hectares. Mais cet avantage n'est rien en comparaison du dommage éprouvé par ceux qui le procurent. La dîme s'oppose à toute modification dans le système d'assolement, à la culture des végétaux qui exigent de plus grandes dépenses, et surtout de ceux qui se prêtent moins à la perception de cet impôt.

171. Les considérations précédentes ont engagé plusieurs gouvernements à rechercher un *moyen d'accommodement* entre les décimateurs et les dé-

cimés; mais la fixation générale d'une *juste* compensation leur a offert des difficultés presque insolubles. Rien ne semblait plus naturel qu'une indemnité consistant dans une partie du sol; mais, outre qu'elle rencontrerait souvent des obstacles locaux, elle n'est guère applicable qu'aux bonnes terres, qui ont dans la production une part au moins égale à celle de la culture. Dans ce cas, on attribuait justement la cinquième partie du sol au décimateur.—Lorsque la qualité inférieure du sol diminue sa part dans la production et rend la dîme plus onéreuse, il faudrait abandonner une plus grande étendue de terrain, ce qui ne serait pas toujours avantageux aux deux parties.—La capacité productive d'une terre soumise à cette charge baisse souvent au point de faire descendre le prix locatif du sol au-dessous du fermage de la dîme, et alors le décimateur pourrait bien regarder la cession du sol comme une compensation insuffisante.

Ensuite on s'est arrêté au remplacement de la dîme par une mesure déterminée de céréales, calculée de manière à comprendre la valeur du grain et de la paille. Mais cette quantité, ne représentant réellement le dixième de la récolte que dans les années moyennes, deviendrait souvent trop faible ou trop forte pour l'une ou l'autre des parties.

Une redevance fixe en argent trouverait peu de faveur auprès de ceux qui savent par expérience combien la dépréciation de ce métal a diminué la valeur de rentes autrefois payées en nature et plus tard converties en monnaie. Elle pourrait toutefois être accueillie si on la basait sur le prix moyen des trente dernières années.

172. Le *droit de pacage* s'exerce sur des terres communes ou sur des propriétés privées.

Le droit de pacage sur les *terres communes* est quelquefois illimité ; souvent il appartient, sans aucune distinction de nombre ni d'espèce d'animaux, à toute personne dont l'habitation est assez rapprochée pour qu'elle puisse y conduire son bétail en le faisant sortir et rentrer de jour. Mais dans les derniers temps il a reçu, pour la plupart des localités, une limitation plus ou moins précise sous le rapport de l'espèce, du nombre, et même des jours.

Cet usage condamne à la stérilité des terres souvent propres à donner d'excellents produits. Aussi ces pâturages ont-ils presque entièrement disparu dans plusieurs contrées : on les a défrichés pour les convertir en terres arables et en prairies quand la nature du sol se prêtait à cette transformation ; quelques villes et quelques villages en ont seulement conservé de petites étendues pour l'utilité de la commune. Ils sont toutefois encore nombreux dans des pays très-cultivés, tels que la *Grande-Bretagne*. Chacun en use sans penser à les amender : on cherche même à les détériorer pour en dégoûter les autres, et à les rendre nuisibles à certaines espèces de bétail.

Le partage, quoique reconnu avantageux pour tous, offre de grandes difficultés à cause de la complication des droits et des intérêts : il est à peu près inexécutable dans les localités où chacun a le droit de contradiction. Pour lever cet obstacle par de bonnes dispositions législatives, il faudrait d'abord décider si le partage aura pour base la quantité de bétail jusqu'alors conduite au pacage, ou celle que chaque intéressé peut nourrir pendant l'hiver; et dans ce dernier cas on verrait presque toujours s'entrechoquer les prétentions des grands propriétaires et celles des individus qui, sans pouvoir acquérir autre chose qu'une maison ou un jardin, ont été amenés dans la commune par les ressources qu'offrait le pâturage. Des lois fort sages ont été rendues sur cette opposition d'intérêts; mais elles laissent un si vaste champ aux discussions des jurisconsultes, que l'exécution d'un acte de partage n'est pas facile à régler par les voies judiciaires. La décision d'arbitres intelligents et impartiaux, rendue sur les lieux et après un mûr examen des circonstances, serait souvent plus juste, et en tout cas plus prompte et moins dispendieuse.

Quelquefois, cependant, le partage et le défrichement des pâturages communaux, opérés sans réflexion, n'ont pas offert tous les avantages qu'on s'en était promis. Les cultivateurs, ne trouvant pas sur les jachères et les chaumes assez de ressources pour leur bétail, ont été forcés d'en réduire la quantité, malgré un plus grand besoin d'engrais qui se faisait sentir quand la fertilité naturelle des nouvelles terres se trouvait épuisée.

173. Le droit de pâturage sur les *jachères* et les *chaumes* appartient ordinairement en commun à ceux qui ont des terres sur le finage ou qui sont au moins habitants de la commune; quelquefois il est aussi exercé par des étrangers. Cette institution, rendue indispensable par le mor-

cellement, restreint la liberté du cultivateur dans l'emploi de ses terres, et l'oblige de se conformer à l'assolement et au mode de culture établis dans la localité. Ses inconvénients pour les progrès de l'industrie agricole ont été bien sentis, et l'on a voulu la supprimer en tout ou en partie. Mais il était difficile de garder séparément son bétail sur un champ presque toujours étroit, sans causer aucun préjudice à son voisin : cette difficulté, qui rendait presque impossible l'usage de l'arrière-pâture, ressource toujours utile et quelquefois indispensable, a empêché l'exécution des règlements qui interdisaient la vaine pâture. On pourrait limiter l'exercice de cette servitude, et en affranchir, par exemple, les terres de la meilleure qualité et les plus rapprochées du village, dans la proportion d'un tiers relativement à l'étendue totale du finage, si les deux autres tiers suffisaient aux besoins, ou que les circonstances permissent de nourrir une partie du bétail à l'étable. Mais cette limitation présenterait, pour le tiers affranchi, les mêmes inconvénients sous le rapport de l'arrière-pâture, et la rendrait également dangereuse pour le voisin. Aussi a-t-on reconnu depuis long-temps que la suppression de la vaine pâture et la restitution de la liberté d'emploi ne sont possibles, dans la plupart des cas, qu'au moyen de la réunion, par échange, des parcelles d'un propriétaire en une ou plusieurs grandes pièces : opération dont les inconvénients passagers sont si minimes en comparaison de ses avantages réels et durables, que tout propriétaire intelligent se prêterait volontiers à de bonnes mesures qui en assureraient l'exécution.

Autant le pâturage des *prés* avant la pousse des herbes et après la récolte est utile au propriétaire qui l'exerce lui-même sur son propre fonds, autant elle peut lui devenir nuisible quand il est obligé d'y admettre le bétail d'autrui, à cause du peu de précaution qu'on apporte généralement dans l'usage de cette servitude. Le morcellement des prairies offre les mêmes inconvénients et exige les mêmes remèdes que celui des terres arables. Les droits de pacage sur les prés diffèrent beaucoup entre eux sous le rapport de l'époque et de l'espèce de bétail.

Depuis que les lois ont pris sous leur protection la culture forestière, dont on a reconnu la nécessité, le droit de pâturage dans les *bois* est limité par la défense de l'exercer dans ceux dont il pourrait empêcher la recrue ; et le pâturage dans les coupes défensables ne peut être considéré que comme une ressource extrême, l'herbe qui a cru à l'ombre profitant peu au bétail, et pouvant facilement lui devenir nuisible.

174. Outre les droits de pâturage dont nous venons de parler, on distingue encore le droit de *bergerie*. Dans certains pays, il appartient exclusivement aux terres nobles et à quelques autres domaines spécialement privilégiés. On l'exerce sur les pâquiers communaux aussi bien que sur les propriétés particulières mentionnées dans le paragraphe précédent. Mais les bêtes à laine sont or-

dinairement restreintes aux pâturages non assi-
gnés à d'autres espèces de bétail, ces dernières
ayant presque partout la préférence.

Quelquefois la bergerie est soumise à l'obligation du parcage ; c'est-à-dire que le propriétaire
des moutons doit garnir de ses claies une partie
déterminée du finage sur lequel il exerce son
droit.

175. Droit de *chasse*. Jusqu'au seizième siècle,
tout propriétaire libre était autorisé à tuer le gibier sur ses terres. Une police de la chasse ayant
été établie par les gouvernements sous prétexte de
conserver le gibier réputé innocent, la chasse de-
vint dans beaucoup de pays une prérogative des
souverains et de quelques favoris. Aujourd'hui elle
est souvent une puissante cause d'opposition entre
les intérêts personnels du monarque et ceux de
ses sujets : le gibier pullule faute d'être chassé ;
les dommages qu'il cause dans la campagne pro-
voquent des réclamations aussi justes que pressantes ; on feint d'ordonner les mesures nécessaires
pour y remédier, mais elles sont éludées par l'a-
mour de la chasse. C'est donc un bonheur pour
un pays, d'être gouverné par une famille où est
depuis long-temps éteinte cette passion si facile à
exciter.

Le droit naturel et le droit positif obligent le
possesseur exclusif du privilége de la chasse sur
une grande étendue de territoire, à réparer tous
les dommages causés par le gibier.

On distingue la grande, la moyenne et la petite
vénerie.

176. Des lois générales, des statuts ou usages provinciaux, des conventions particulières, ou la prescription, ont asservi certaines propriétés à l'exercice des droits suivants : droit de bois et de tourbe ; droit de passage pour les bestiaux conduits au pâturage ; droit de chemin et de marchepied ; droit d'abreuvage ; droit d'aqueduc ; droit de faire hausser les eaux ; droit d'avant - flot ; droit de prendre de la litière dans les forêts ; droit de bruyère ; droit de gazon, etc. L'étendue de ces droits et la manière d'en user offrent presque autant de différences que de cas particuliers.

ÉNERGIE PRODUCTIVE DU SOL,

ET MOYENS DE L'ENTRETENIR.

177. Nous devons d'abord emprunter quelques notions à la partie physique et chimique de l'agriculture, mais sans pouvoir en établir ici la preuve empirique, ni leur donner des développements qui sortiraient de notre sujet.

La couche végétative du sol ne se compose ordinairement que de trois espèces de terres jointes à une plus ou moins grande quantité d'*humus* (*terreau, terre franche* ou *végétale*), qui n'est pas une terre proprement dite, mais auquel on a donné le nom de *terre* à cause de sa friabilité. Les terres proprement dites sont fixes, invariables, indestructibles, et, par cette raison, leur participation à la nourriture des végétaux comme élément constitutif de leur substance est à peu près nulle.

La terre végétale varie continuellement en quantité et en qualité ; elle est complètement destructible, et fournit aux plantes toute la substance végétative qu'elles tirent du sol avec l'humidité.

178. Mais, suivant les notions actuelles de la science, l'humus ne peut entrer dans les plantes et servir à leur nourriture qu'à l'état de solution, sous forme d'extrait ou d'acide carbonique. Cette solution exige un certain degré de décomposition, la présence de certains agents qui la favorisent, et l'absence d'autres agents qui lui sont contraires. On ne peut donc conclure directement de la quantité de terre végétale au degré de fertilité du sol : il faut encore avoir égard à la nature et à la solubilité de cette terre végétale.

Il n'y a jamais qu'une certaine quantité de cette matière qui soit actuellement propre à servir de nourriture aux plantes. Cette quantité est déterminée par les autres éléments du sol, sa situation, son voisinage et sa culture.

179. Les plantes absorbent cette substance dans la proportion du besoin qu'elles en ont pour arriver à leur complet développement, c'est-à-dire à la formation de leurs graines. Quelques plantes ne tirent du sol qu'une petite partie de leur alimentation, et puisent le reste dans l'atmosphère au moyen de leurs larges feuilles. D'autres, au contraire, telles que les céréales, dont le produit en graines est très-considérable relativement au peu d'étendue de leurs feuilles, prennent presque toute leur nourriture dans la terre.

180. Les céréales exigent et consomment d'autant plus de substance végétative, que la récolte en grains contient une plus grande quantité de matière nutritive. C'est du moins la conséquence probable des analyses chimiques et des expériences agricoles. Les nombreuses analyses d'Einhof donnent, en poids, les moyennes suivantes :

Froment... 77,4 p. 100 de substance nutritive.

Seigle..... 70

Orge...... 59,3

Avoine. ... 58,4

ou 61 kilog. 146 par hectolitre de froment pesant 79 kilog.;

47 kilog. 600 par hectolitre de seigle pesant 68 kilog.;

30 kilog. 836 par hectolitre d'orge pesant 52 kilog.;

25 kilog. 944 par hectolitre d'avoine pesant 41 kilog.

181. La partie soluble de l'humus, et celle qui peut être rendue telle par les labours, est donc plus ou moins diminuée par chaque récolte de céréales, et se trouve enfin tellement épuisée, qu'il est indispensable de la remplacer pour que la culture du champ puisse offrir encore quelque avantage. Il faut donc alors y amener des substances animales ou végétales en décomposition, et les mélanger avec la couche arable, ou faire croître des végétaux sur place, et les enfouir ensuite. Les autres amendements semblent n'agir qu'en accélérant, par leur action chimique, la solubilité de la terre végétale encore contenue dans

le sol, et en produisant ainsi une fertilité réelle mais peu durable, et qui ne tarde pas à être suivie d'un épuisement complet.

182. De toutes les substances animales et végétales qui peuvent être transportées sur les terres pour les amender, le fumier, composé d'excréments d'animaux mêlés avec les plantes qui servent de litière, est la seule qui soit généralement en grande quantité à la disposition de l'agriculteur, et les autres matières en décomposition ne doivent être considérées que comme une ressource accessoire.

La fertilisation du champ au moyen de plantes qu'il a produites et qu'on fait pourrir sur place, s'opère de deux manières.

La première consiste à enterrer avec la charrue une récolte obtenue artificiellement, c'est-à-dire par la culture et l'ensemencement. On doit donner la préférence, pour cet objet, aux plantes qui tirent de l'atmosphère une grande partie de leur alimentation, et fournissent une quantité considérable de substance végétale. C'est ce qu'on appelle *fumure en vert*.

La seconde n'est autre chose que l'enfouissement des herbes qu'on a laissées croître naturellement sur le sol, avec les excréments des animaux qui les ont pâturées.

183. Après cette courte exposition chimique et physique, nous allons considérer notre sujet sous le point de vue de l'agriculture pratique.

Avant de choisir le froment ou le seigle pour

céréale d'hiver, et l'orge ou l'avoine pour céréale d'été, le cultivateur attentif et intelligent calcule la force de son champ d'après les récoltes qu'il en a retirées et la fumure qu'il lui a donnée, sans oublier de consulter aussi la nature physique du terrain. Il considère que le froment est plus épuisant que le seigle, tandis que l'avoine l'est à peu près autant que l'orge, parce qu'elle compense le poids par le volume. Il peut ainsi mesurer d'avance les récoltes que lui promet chacune de ces céréales si la température n'est pas trop défavorable. Il sait quelle quantité d'engrais ou combien d'années de repos il doit à sa terre suivant l'espèce des récoltes précédentes et celle des récoltes futures. Il n'ignore pas que la culture met en action la force productive, mais qu'elle ne peut la créer.

184. Cet agriculteur proportionnera, autant que possible, sa production d'engrais aux besoins des diverses espèces de céréales qu'il veut confier à ses terres, et subordonnera sa culture aux limites qu'il ne pourra dépasser dans cette production. Cette considération est la première, mais non pas la seule, qui doive le déterminer dans le choix d'un système d'assolement.

185. J'ai donné une échelle *idéale* pour trouver et pour exprimer en nombres la proportion :

a) De l'énergie végétative du sol suivant le produit des récoltes dans une année moyennement fertile ;

b) Et réciproquement, du produit des récoltes suivant l'énergie végétative ;

c) **Du degré d'épuisement causé par les récoltes ;**

d) **Et du degré d'énergie productive restitué au sol par les engrais, par le repos, et par quelques plantes améliorantes.**

Comme je me suis expliqué pour la première fois avec quelques détails sur cet objet dans mon *Histoire de l'Exploitation de Mœglin*, Berlin, 1815, je renvoie mes lecteurs et mes auditeurs à cet ouvrage.

Cette échelle me paraît utile. L'usage doit en être diversement modifié, surtout suivant la nature du sol. Les mesures prises doivent être vérifiées et rectifiées par l'expérience, comme on se propose de le faire pour l'exploitation de Mœglin.

186. Je crois aussi être sur la voie pour trouver ou pour faire trouver après ma mort un procédé propre à mesurer *physiquement* la force productive du sol.

ENGRAIS.

187. Le fumier d'étable produit dans l'exploitation même est le plus ordinaire de tous les engrais, et le seul qu'on puisse se procurer en quantité suffisante : aussi a-t-il reçu la dénomination d'*engrais naturel*. Il provient des excréments d'animaux domestiques mêlés avec la paille qui sert de litière. Ces déjections résultent de la nourriture végétale transformée en matière animale en tra-

versant le canal digestif. Leur masse et leur qualité, dépendant de celles des aliments donnés au bétail, peuvent donc être calculées d'avance d'après la quantité et l'espèce du fourrage et de la litière qu'on lui destine, en supposant une consommation bien dirigée.

188. On a cru jusqu'à présent que la masse de l'engrais devait être en raison directe du nombre de têtes de bétail. Mais un peu de réflexion suffisait pour apercevoir la fausseté de cette appréciation, puisque trois bêtes ne donnent pas plus de fumier qu'une seule de la même espèce qui reçoit autant de fourrage et de litière que les trois autres ensemble. On devait donc dire, pour parler avec quelque justesse : Si la nourriture et la litière d'un animal domestique sont abondantes, médiocres, ou chétives, il produira telle quantité de fumier, ou bien, pour nous servir de l'expression reçue, il pourra fumer fortement, médiocrement, ou faiblement, telle étendue de terrain. Le bétail n'était donc ici qu'un terme de comparaison qui a induit à croire que plus on aurait de bêtes, plus on obtiendrait de fumier, sans tenir compte de la quantité de fourrage : ce qui est contraire à la saine raison et à l'expérience.

189. Nous raisonnerons donc plus juste en concluant directement de la quantité et de l'espèce du fourrage et de la litière récoltés et consommés dans la ferme, à la quantité et à l'énergie de l'engrais, sans avoir égard au nombre et à l'espèce des bestiaux. Il faut toutefois tenir compte de la

nent autant de fumier, sinon sous le rapport du poids, au moins sous celui de l'énergie fécondante.

Ces données peuvent servir de base au calcul de l'engrais qui sera produit en moyenne dans une exploitation bien dirigée.

Il faut y ajouter le fumier que les bêtes de pacage laissent à l'étable, et qui, lorsque le pâturage est de bonne qualité, peut être évalué, pour chaque nuit, d'après les expériences faites sur cet objet, à 7 kilogrammes par tête de la race bovine, et à 7 hectogrammes par bête à laine.

194. Sans peser le fumier, on peut évaluer approximativement le poids d'une voiture suivant la force des bêtes qui la transportent, la capacité de la voiture, et la difficulté des chemins. La moyenne est d'environ 1,000 kilogrammes.

195. On peut considérer la valeur du fumier sous divers points de vue.

Le *prix de vente*, déterminé par la proportion de l'offre à la demande, est ordinairement peu élevé, les vendeurs cherchant à se débarrasser le plus promptement possible de cette marchandise incommode, tandis que l'empressement des acheteurs est souvent refroidi par l'inopportunité de la saison et par la distance à parcourir, qui leur deviendraient onéreuses si elles n'étaient compensées par le bon marché.

Pour trouver le *prix de revient*, on peut mettre d'un côté la nourriture, la litière et les autres frais du bétail, avec un juste bénéfice industriel; de l'autre les produits des animaux domestiques, à l'exception du fumier : il y aura presque toujours un déficit que devra couvrir le prix du fumier. Mais dans la plupart des exploitations agricoles, on peut admettre que les produits du bétail, non compris le fumier, paient toutes ses dépenses à l'exception de la paille, dont le prix de revient règle celui du fumier, et réciproquement.

La *valeur d'emploi* peut s'établir assez clairement d'après l'augmentation de produit résultant d'une quantité déterminée d'engrais ajoutée à la fumure ordinaire et indispensable. Il est vrai que cette augmentation de produit variera suivant la nature du sol, l'espèce des végétaux, le talent de l'agriculteur; et qu'ainsi on n'obtiendra exactement la valeur d'emploi de la voiture de fumier que pour un cas spécial.

On trouvera cependant, à peu d'exceptions près, que 1000 kilogrammes de fumier rendus sur le champ valent au moins 80 litres de seigle.

BÉTAIL.

196. Quoique la quantité de la paille et du fourrage règle seule la masse de l'engrais, et que la production du fumier soit un des principaux motifs de la culture des plantes fourragères et de leur emploi pour la nourriture du bétail, il n'est pas indifférent que leur conversion en engrais soit opérée par tel ou tel procédé d'alimentation, par tel ou tel nombre, telle ou telle espèce d'animaux domestiques.

197. Et d'abord, le fumier de chaque espèce d'animaux a des propriétés particulières qui déterminent le sol et les plantes auxquels il convient le mieux. Il est vrai que la manière dont les engrais sont traités peut faire disparaître cette différence.

198. Mais ce qui est beaucoup plus important, c'est de diminuer le prix de revient du fumier en augmentant les autres produits du bétail. Cette considération doit avoir une influence capitale sur la fixation de l'espèce, de la taille et du nombre des bêtes auxquelles on veut faire consommer le fourrage dont on peut disposer.

199. Nous devons ajouter ici aux observations contenues dans les n°s 29 et 30 sur le choix des bêtes de trait, que pour toutes les opérations où le travail des chevaux et celui des bœufs reviennent au même prix, ceux-ci mériteront la préférence sous le rapport de l'engrais.

200. Quant aux animaux dont on ne retire aucun travail, on a souvent la liberté du choix entre l'espèce bovine et l'espèce ovine, sinon pour admettre exclusivement l'une ou l'autre, au moins pour la faire prédominer. Les opinions ont été longtemps indécises. Mais un examen plus attentif des calculs présentés sur cet objet, prouvera que l'espèce la plus avantageuse a toujours été celle qu'on tenait pour telle, parce qu'elle avait une plus grande part dans les dépenses, dans l'attention, dans les études spéciales, tandis que sa rivale était

négligée sous tous les rapports. Ainsi, dans plusieurs pays, on a long-temps considéré les bergeries comme un pis-aller pour tirer quelque utilité des jachères, des chaumes, des pâturages secs et élevés, parce que leur produit, même en y comprenant le fumier, suffisait à peine, d'après des calculs parfaitement exacts, pour payer leur nourriture d'hiver, les autres frais, et les chances de perte. Mais, les succès récents d'un meilleur traitement et du perfectionnement des races ayant été généralement connus, on n'a plus douté que, si l'on excepte les pâturages très-gras, tous les autres sont mieux utilisés et la nourriture d'hiver mieux payée par les bêtes à laine que par les bêtes à cornes; que la culture des plantes fourragères et la nourriture continuelle à l'étable peuvent seules placer les dernières au niveau et quelquefois au-dessus des premières.

201. On peut tenir des bêtes à cornes pour le lait, pour l'engraissement, ou pour le croît. Lequel de ces trois modes mérite la préférence? Et si l'on se décide pour le lait, faudra-t-il le vendre à l'état liquide, ou bien le convertir en beurre et en fromage? Une décision générale est impossible. Il faut, pour chaque cas, examiner attentivement les circonstances de temps et de lieu. Mais, les débouchés pour toutes ces denrées étant généralement fort circonscrits, il serait imprudent de choisir une branche d'industrie déjà trop répandue.

202. L'éducation d'un grand nombre de porcs ne peut être constamment avantageuse que dans

certaines localités, celles, par exemple, où il existe des pâturages marécageux difficiles à utiliser d'une autre manière.

203. L'évaluation des produits d'une espèce de bétail d'après le nombre ou la taille des animaux a été depuis long-temps reconnue fausse par tous les agriculteurs intelligents. On voit néanmoins encore bien des cultivateurs séduits par cette vieille illusion. Dès-lors que le nombre des bêtes dépasse celui auquel on pourrait donner une nourriture abondante, les produits diminuent, et le fumier n'augmente pas. En effet, une partie de la nourriture ne sert absolument qu'à entretenir la vie de l'animal ; et plus il y a de têtes, plus cette partie improductive est considérable.

Toutefois, la quantité de fourrage qu'il est avantageux de faire consommer par un animal d'une certaine taille, n'est pas illimitée : elle pourrait arriver à un point où les forces digestives seraient insuffisantes pour la transformer en sucs vitaux, et alors il vaudrait mieux tenir une bête de plus sur trois, sur quatre ou sur cinq. Mais on tombe beaucoup plus souvent dans l'excès opposé.

204. Il est essentiel que la nourriture d'hiver soit bien proportionnée à celle que le bétail trouve pendant l'été sur les pâturages : car les animaux accoutumés à une nourriture abondante sont ceux qui dépérissent le plus quand ils sont restreints au nécessaire, et il en coûte plus pour les relever et ramener le produit à la même somme, qu'il n'en aurait coûté pour les entretenir constamment

dans le même état. Ce n'est pas que la quantité d'aliments doive toujours être exactement la même : elle n'est, au contraire, jamais plus profitable que lorsqu'on sait la faire varier suivant les circonstances.

205. Il est donc indispensable, pour retirer des fourrages et des bestiaux la plus grande utilité possible, que les distributions soient en tout temps bien réglées. Mais l'ordre ne dispense pas d'avoir des provisions suffisantes, et l'on s'exposerait à de graves mécomptes en se laissant égarer par les cultivateurs qui se vantent d'avoir, au moyen d'une consommation bien ordonnée, entretenu leurs animaux dans le meilleur état avec une très-petite quantité de fourrage. Si l'on examinait la paille avec laquelle on prétend maintenir la vigueur des animaux pendant tout l'hiver, on trouverait que les grains restés dans cette paille en font un fourrage d'un prix assez élevé.

206. Le calcul du fourrage à produire doit donc toujours marcher avant celui du bétail qu'on se propose de tenir : il est assez facile de se procurer le nombre et l'espèce d'animaux domestiques dont on a besoin ; au lieu que la production des fourrages exige que toute l'exploitation soit organisée dans ce but.

207. Pour chaque espèce de bétail, il est réellement important de rechercher la race la mieux appropriée au but et aux besoins de l'exploitation, au sol et au climat, ou de perfectionner sous ces

divers points de vue la race qu'on possède. Mais on doit bien se garder d'aspirer à l'acquisition dispendieuse d'une race dont la beauté de convention et la vogue ont attiré des pertes énormes aux agriculteurs qui se la sont procurée à grands frais, séduits par l'espoir de bénéfices réalisés peut-être dans des circonstances tout-à-fait différentes. Ce n'est qu'après avoir choisi avec toute la circonspection nécessaire la race la plus convenable pour le domaine à exploiter, que l'on peut consacrer avantageusement un capital à son acquisition.

208. Il résulte de presque toutes les supputations les plus exactes, que le produit net du bétail est nul, et même négatif, si l'on porte les fourrages et les autres frais au prix vénal de la contrée. L'expérience prouve au contraire que, ce prix vénal admis, la culture des fourrages offre des bénéfices souvent plus considérables que celle des autres plantes destinées à être vendues sous leur première forme, surtout si l'on fait entrer en ligne de compte les avantages de l'alternation. Aussi a-t-on remarqué depuis long-temps la prospérité particulière des agriculteurs qui ont eu de la prédilection pour le bétail et lui ont consacré une grande part de leurs capitaux et de leurs soins.

SYSTÈMES D'ASSOLEMENT.

209. Le système d'*assolement*, de *succession*, ou de *rotation*, est une division des terres qui détermine l'ordre et la proportion dans lesquels on se propose d'y cultiver les différentes espèces de végétaux.

210. Obtenir assez de matières transformables en fumier pour pouvoir entretenir ou même accroître l'énergie productive du sol plus ou moins épuisé par les récoltes : tel est le but principal et essentiel qu'on doit se proposer dans le choix d'un système d'assolement, et qui domine toutes les autres considérations d'un ordre inférieur.

211. La paille, l'un des éléments de l'engrais, se récolte toujours sur les terres arables; mais elle est ordinairement insuffisante pour donner un fumier énergique, et ne sert guère qu'à recueillir l'engrais provenant des fourrages produits,

a) Par les prairies et les pâturages exclusivement consacrés à cette destination;

b) Par les terres arables, au moyen de l'alternation des plantes fourragères avec les autres végétaux.

L'adoption exclusive ou la prédominance de l'un ou de l'autre mode constitue la principale différence entre les systèmes d'assolement. Le mode *a* s'appelle *culture continue* ou *culture des grains*, et le mode *b* est la *culture alterne* dans le sens propre et originel de cette expression.

La *culture continue* exige donc des prairies naturelles et des pâturages permanents, c'est-à-dire des terres exclusivement consacrées à la production des plantes fourragères.

La *culture alterne* n'en a pas besoin; et, dans les fermes où elle est complètement appliquée, on laboure toutes les terres susceptibles de culture: on leur fait produire alternativement, pendant des périodes plus ou moins longues, les plantes fourragères et les céréales; et les premières y occupent souvent une surface plus étendue que dans la culture continue. Il peut exister et il existe des cultures rigoureusement alternes; mais ce système est presque toujours modifié par la conservation de quelques prairies continues. De même, il est rare que, dans la culture continue, les terres arables ne fournissent pas au bétail une partie quelconque de son alimentation. Mais *a potiori fit denominatio*.

212. Une autre différence entre les systèmes d'assolement, provient de ce que le bétail pâture pendant l'été, ou qu'il est constamment nourri à l'étable.

Le pâturage exige une plus grande surface de terrain; la nourriture à l'étable occasione plus de travail et de dépense. Le fumier laissé sur les pâturages *continus* est entièrement perdu pour les terres arables; il n'en est pas tout-à-fait de même dans la culture *alterne*. La nourriture à l'étable conserve tout l'engrais, et en fait obtenir la même quantité avec un moins grand nombre d'animaux domestiques.

213. Une troisième différence concerne l'alternation des récoltes. La plupart des agriculteurs, sans cultiver toujours la même plante sur un même champ, se bornent à y semer successivement les différentes espèces de céréales, végétaux qui ont beaucoup d'affinité entre eux, et qui tous puisent dans le sol la plus grande partie de leur nourriture (179, 180). D'autres suivent la règle d'alternation depuis long-temps reconnue par les agriculteurs, mais récemment posée avec plus de précision et mise en pratique par les Anglais : *Intercaler entre deux récoltes de céréales une plante d'une nature différente, qui laisse le sol dans un état convenable pour la récolte suivante; et, aussi souvent qu'il sera nécessaire, une plante dont la culture ameublit le sol, l'expose à l'influence de l'air, le nettoie, et remplit ainsi les fonctions de la jachère.* Peu importe, sous le rapport de la nature du végétal intercalé, qu'il soit destiné à la nourriture du bétail ou à un autre usage : la première destination, qui est la plus ordinaire et la plus généralement avantageuse, identifie le mode d'alternation avec la culture alterne.

214. On distingue, en quatrième lieu, des assolements *avec jachère* et des assolements *sans jachère.*

Il y a différentes espèces de jachère.

La *jachère pure et complète* consiste à retourner le chaume le plus tôt possible, puis à labourer et à herser le champ l'été suivant toutes les fois qu'il reverdit, jusqu'au moment où l'on y sème une céréale d'hiver.

La *demi-jachère* sert de pâturage jusqu'au milieu de l'été suivant, souvent même jusqu'au milieu du mois d'août, après quoi on lui donne à la hâte des labours successifs ordinairement au nombre de trois, puis on y sème une céréale d'hiver.

On appelle improprement *jachère ensemencée* le champ qui, dans l'année où il devrait être jachéré suivant l'ordre habituel, reçoit la semence de plantes destinées à donner ce qu'on nomme une *récolte de jachère*. On y cultive très-rarement les céréales, parce que l'on en connaît les inconvénients ; on leur préfère les végétaux qui doivent être intercalés entre deux récoltes de céréales, et l'on se rapproche ainsi de la règle d'alternation établie dans le numéro précédent. On donne à ce champ le nom de *jachère verte* quand on y cultive le trèfle ou d'autres herbes fourragères. Le trèfle n'atteint pas le but de la jachère. Une herbe fourragère d'été qui croîtrait assez vîte pour être semée et récoltée entre deux labours, n'empêcherait pas absolument d'atteindre ce but.

Quelques-uns mettent au nombre des jachérants les agriculteurs qui ensemencent leurs jachères ; d'autres les excluent de cette classe. Du reste, cet ensemencement n'a ordinairement lieu qu'une fois sur deux ou trois années de jachère.

De ces différences et de leurs combinaisons peuvent résulter des systèmes d'assolement très-variés.

215. Après le rapport de la culture fourragère à la production du fumier indispensable pour entretenir la fertilité du sol, et la manière dont cette production est opérée, le travail et sa distribution suivant les temps et les lieux sont ce qu'il y a de plus déterminant dans le choix d'un système d'assolement. Au moyen d'une division du travail aussi égale que possible pendant tout le cours de l'année, on parvient à en diminuer la dépense et à l'employer toujours utilement, sans s'exposer à en manquer.

216. Il est bien peu de grandes fermes qui puissent toujours se procurer des engrais à discrétion, et disposer en tout temps d'un nombre de travailleurs suffisant pour les besoins actuels, sans être obligées de les garder plus tard. Celles-là, s'il en existe, sont les seules qui n'aient pas besoin d'un système d'assolement. Celui qui, sans se trouver dans une semblable position, et séduit par des conseils mal-entendus, voudrait changer essentiellement tous les ans la division et la culture de ses terres d'après les circonstances et les vues du moment, ne tarderait pas à déplorer les effets de son imprudence, en voyant que les bénéfices obtenus seraient loin de compenser les pertes éprouvées dans la même année ou à une époque postérieure.

Mais l'adoption d'une méthode systématique n'exclut pas des modifications temporaires motivées par des circonstances particulières pour quelques pièces de terre ou pour quelques branches de culture : elles seront, au contraire, assez fréquentes dans une exploitation dirigée avec activité et intelligence. Il faut seulement considérer l'effet de ces changements partiels sur le tout, et, si l'équilibre est troublé, le rétablir par d'autres changements; c'est-à-dire qu'on ne doit jamais perdre de vue l'ensemble du système d'exploitation. Un plan d'assolement plus composé pourrait même prévoir les modifications éventuelles commandées par les circonstances, et en particulier par la différence de fertilité des années.

217. Les systèmes d'assolement ne sont pas des modèles parmi lesquels il suffise d'en choisir un pour y conformer son exploitation. Les circonstances locales sont si variées, qu'on ne peut établir de généralités sous ce rapport; et le meilleur système d'assolement pour un agriculteur est celui qui convient le mieux à son domaine.

On a cependant donné des noms aux systèmes les plus usités, et les plus invariables dans les points essentiels.

218. L'*assolement triennal* s'est répandu depuis le temps des Romains dans presque toute l'Europe. D'après ce système, le champ reste en jachère la première année, la seconde année on y récolte une céréale d'hiver, et la troisième une céréale d'été.

La jachère devrait toujours être fumée, comme à l'époque où l'étendue des pâturages et des herbages non encore défrichés permettait de tenir beaucoup de bétail et de lui procurer une nourriture abondante. Aujourd'hui cette fumure si pro pre à augmenter l'énergie productive du sol n'est possible que dans le petit nombre de fermes qui ont de vastes prairies, ou qui reçoivent du dehors une grande quantité d'éléments de fécondation. Il est déjà bien rare qu'on puisse fumer la jachère tous les six ans : il faut pour cela, sur un sol médiocre, que la moitié au moins des terres soit consacrée à la production des fourrages. Cette fumure suffit pour entretenir un bon état de fécondité. Mais la conversion d'une grande partie des pâturages en terres arables, et le manque de prairies qui paraît occasioné par la diminution des eaux, ont réduit la plupart des cultivateurs à la fumure de neuf ans, insuffisante pour réparer l'épuisement causé par six récoltes. Il a fallu, pour obvier à cet inconvénient, refuser tout engrais à une partie des terres, ou ne les fumer que très-rarement et avec une extrême parcimonie, et faire profiter de cette soustraction une autre partie rapprochée des bâtiments de ferme, en lui accordant une fumure tous les six ans. Aussi, dans presque toutes les contrées qui ne sont pas éminemment favorisées de la nature, la fertilité d'un champ est, pour ainsi dire, en raison inverse de sa distance du centre de l'exploitation. Le fumier des moutons auxquels les terres éloignées servent de pâture entre les récoltes qu'on en retire tous les trois ou tous les six ans, et le peu de paille qui provient de ces récoltes, sont des tributs réservés aux terres d'élite. Et pourtant, lorsqu'une ferme exploitée d'après ce système n'a pas des ressources particulières, on la voit obligée de restreindre toujours de plus en plus la surface privilégiée.

219. Le maintien de l'assolement triennal n'est donc raisonnable que dans les localités où chaque pièce de terre reçoit tous les six ans une fumure suffisante pour réparer l'épuisement causé par les récoltes précédentes. Il serait, avec quelques modifications, le plus convenable pour quelques domaines isolés dont les pâturages et les prairies ne pourraient recevoir un meilleur emploi, ou dont les priviléges leur procureraient des moyens de fécondation aux dépens d'autres propriétés.

220. On l'a souvent modifié en cultivant sur une partie des jachères des végétaux autres que les céréales. Mais cette méthode exige une plus grande consommation d'engrais pour l'entretien de l'énergie productive, à moins qu'on n'emploie à cet usage les plantes légumineuses ou autres dont la paille compense le peu de sucs fécondants qu'elles puisent dans la terre. Mais elles ont l'inconvénient de laisser le sol en mauvais état, et rendent indispensable une jachère pure et complète pour le nettoyer après les deux récoltes de céréales. Les plantes textiles et oléagineuses absorbent la fécondité, et restituent peu de chose à la terre : l'assolement triennal ne permet de les cultiver sans désavantage que dans les exploitations qui tirent du dehors une grande quantité d'éléments fécondants.

221. La culture du trèfle sur les jachères a paru un remède excellent pour obvier complétement à la disette de fourrage et d'engrais si fréquente dans l'assolement triennal, dont tous les embar-

ras auraient disparu si cette méthode eût réussi comme on se l'était promis. Mais le trèfle cultivé de cette manière exigeait dès le principe une bonne terre habituellement bien fumée, pour que la végétation languissante de cette fourragère ne laissât pas le sol infesté de chiendent impossible à détruire par le labour unique qui doit précéder la céréale d'hiver. Et de plus, l'expérience prouva bientôt que le trèfle ne peut réussir dans les meilleurs terrains quand il revient plusieurs fois de suite sur la jachère d'un même champ.

Un petit nombre d'exploitations agricoles dont les terres généralement fertiles convenaient particulièrement au trèfle, ont pu en continuer la culture d'après le système primitif, et, par ce moyen, nourrir constamment leur bétail à l'étable. La plupart ont été obligées d'y renoncer, et de revenir à la jachère pure, pour sortir des embarras où les avait jetées cette méthode. Aujourd'hui on pense que le trèfle ne doit reparaître sur le même sol que tous les neuf ans, et que des deux jachères intermédiaires l'une doit être pure et complète. Ainsi on voit souvent de bonnes terres à froment et orge divisées suivant une sorte d'assolement novennal : on cultive sur un tiers des jachères diverses espèces de végétaux, du trèfle sur le second tiers, et le troisième est traité comme jachère proprement dite. D'autres agriculteurs ne trouvent de sécurité que dans un assolement de douze ans, où un quart des jachères est en trèfle, un quart en autres plantes, et la moitié en jachère pure. Ces assolements marchent souvent assez bien; mais il leur faut beaucoup de pâturages pour les mou-

tons, et de prairies naturelles ou artificielles permanentes pour nourrir le bétail rouge à l'étable.
Quoique la culture du trèfle sur les jachères n'ait
pas répondu aux premières espérances, elle a
donné un essor énergique à l'agriculture alle-
mande, et les apôtres de cette méthode, surtout
Schubart de Kleefeld, ont acquis des droits à une
éternelle reconnaissance. Seulement, il faut se garder de braver la nature en appliquant ce procédé
à un terrain auquel il convient peu, et de préparer
par un seul labour pour la céréale d'hiver un sol
rempli de chiendent et d'autres mauvaises herbes.

222. L'assolement *quadriennal* qui fait succéder trois récoltes de céréales à une seule jachère,
est généralement adopté dans quelques pays. On
vante cette méthode, parce qu'en réduisant la jachère, elle développe la culture des grains ; mais
aussi elle diminue le produit, facilite la pousse des
mauvaises herbes, et épuise le sol si la fumure
n'est pas augmentée en proportion. La troisième
céréale paie rarement ses frais. Il ne faut pas confondre ce mode de rotation avec les assolements
quadriennaux qui se bornent à deux récoltes de
céréales.

223. On regarde généralement la *nourriture
des bêtes à cornes à l'étable pendant l'été* comme
essentiellement liée à l'assolement triennal avec
culture du trèfle, à cause de la suppression des
jachères qui servaient de pâture à une partie de ce
bétail. Nous nous occuperons ici de cette méthode

d'alimentation, quoiqu'elle offre beaucoup plus de sécurité dans la culture alterne.

L'avantage de ce procédé ne consiste pas à retirer un plus grand produit d'un nombre déterminé d'animaux domestiques. Une nourriture abondante donnée à l'étable vaut mieux à cet égard qu'un maigre pâturage; mais un bon pâturage l'emportera encore plus sur une mauvaise alimentation donnée à l'étable; et s'il y a égalité de part et d'autre dans la somme et la qualité des substances fourragères, la supériorité pourrait bien appartenir au pâturage sous le rapport de l'efficacité. Mais le premier système permet de nourrir la même quantité de bétail avec une moindre étendue de terrain, en cultivant les plantes fourragères les plus convenables, en les laissant arriver au degré de développement où elles donnent la plus grande masse de matière alimentaire, et en empêchant leur détérioration par les pieds des animaux. Les engrais dans lesquels cette nourriture se transforme sont entièrement recueillis, entassés, et ordinairement livrés, avec la litière, à une décomposition qui leur fait perdre une très-petite portion de leurs éléments solubles; au lieu que les excréments laissés par le bétail sur les pâturages permanents sont plus nuisibles qu'utiles; dans les pâturages alternes, ils produisent un certain effet sur les récoltes postérieures, mais ils sont perdus en grande partie, et leur distribution est trop inégale.

La nourriture à l'étable, quand elle est bien organisée, est sujette à moins d'inégalités que les pâturages, qui peuvent être rendus à peu près stériles par une température défavorable, tandis que les ressources variées de la méthode opposée permettent de tenir toujours, même d'une année à l'autre, quelque chose en réserve pour les besoins imprévus.

224. D'un autre côté, la nourriture à l'étable exige plus de préparatifs, de travail et de surveillance, surtout dans les grandes exploitations. Si cet excédant de dépense est dans une faible proportion avec l'avantage qu'il procure dans les contrées où le sol a beaucoup de valeur, il peut, dans les localités où l'on manque plutôt de travail et de capitaux que de terrain, devenir une objection péremptoire contre l'adoption de la nourriture à l'étable.

Quand le sol a trop peu d'humidité et de consistance pour assurer la réussite des plantes fourragères les plus productives, et qu'un long repos sous forme de prairie ou de pâturage peut lui donner plus de liaison et de fraîcheur, la *culture par clos*, avec une bonne succession de récoltes, est le plus sûr moyen d'en augmenter le produit net.

225. Ce qu'on appelle *culture par clos*, ou *culture alterne* suivant le sens propre et originel de cette expression, était l'assolement des anciens Germains, désigné par ce passage de Tacite: *Arva per annos mutant, nam superest ager.* Ils ne demeuraient pas dans des villages, mais chacun habitait sur son champ. Cet assolement fit place au système triennal recommandé par Charlema-

gne, quand les troubles du moyen âge forcèrent les paysans à réunir leurs habitations autour du château de leur protecteur, à se partager en petites pièces les terres voisines du village, et à laisser le reste en pâturage commun et permanent. Un petit nombre de contrées, telles que le Holstein, ont seules conservé la méthode de nos ancêtres.

Vers le milieu du siècle dernier, elle s'est étendue, avec quelques modifications, sur la plus grande partie du Mecklenbourg; aujourd'hui elle paraît se propager dans le nord-ouest de l'Allemagne, et probablement encore dans d'autres pays. Les uns l'admettent sans aucun changement important; d'autres y introduisent des perfectionnements essentiels.

226. Le principe fondamental du système dont nous nous occupons, étant d'employer alternativement la même terre à la production des céréales et à celle des herbes, il exclut presque toujours les pâturages permanents, qu'on défriche autant que possible, ainsi que les sols forestiers dont l'utilité se borne à peu près exclusivement à servir de pâturages. On ajoute quelquefois les mauvaises terres aux bois conservés, qu'on livre entièrement à leur destination en les préservant de la dent du bétail. Les essartements successifs fournissent ordinairement le combustible nécessaire en attendant que les forêts soient soumises à un aménagement régulier.

227. Une condition indispensable est que le domaine soit d'un seul tenant, ou se compose

d'un très-petit nombre de grandes pièces, et qu'il soit franc de toute servitude. S'il est trop morcelé, il faut, avant d'y organiser la culture par soles, en réunir les parcelles au moyen des échanges, et le libérer de toutes charges envers des étrangers. Il est des communes qui, par une sorte d'association entre leurs habitants, ont adopté cette méthode d'exploitation, et où les soles de pâturages sont livrées à un usage commun dans un ordre déterminé ; mais alors la commune doit être considérée comme un seul propriétaire.

228. La culture par clos varie beaucoup dans ses rotations et ses successions de récoltes. Mais, sous le rapport de son caractère principal, on distingue particulièrement celle du *Holstein* et celle du *Mecklenbourg,* auxquelles il faut en ajouter une troisième plus récemment appliquée.

229. Le système du Holstein, surtout l'ancien, subordonne en quelque façon la culture des céréales à l'éducation du bétail, qu'il regarde comme la branche la plus importante de l'exploitation, et dont les produits ont souvent servi de base pour évaluer les récoltes en grains. On posait en principe que la moitié au moins du revenu net devait provenir du bétail. Tout était dirigé vers ce but principal : il n'y avait point de jachère ; on labourait peu et mal, pour ne pas détruire complètement les racines des herbes, et leur permettre de recouvrir promptement la surface du sol.

Après quatre, cinq ou six récoltes successives

de céréales, on laissait le sol en herbes pendant une période au moins égale avant de le rendre à la culture. Les dernières moissons d'avoine étaient en quelque sorte plutôt recueillies comme fourrage que comme céréales : on les battait légèrement, et la paille, avec les grains qui y restaient, servait de nourriture au bétail pendant l'hiver. Les terres étaient peu épuisées, et le fumier de pâturage et d'étables qu'elles recevaient en abondance, augmentait leur fertilité. Aussi la végétation est-elle plus énergique dans le Holstein que sur les terres de la même nature situées dans tout autre pays ; la propriété dissolvante de la marne y produit plus d'effet que partout ailleurs. De fortes haies vives plantées sur des levées qui entourent les pièces, renferment le bétail, et le garantissent des vents trop vifs. Ces haies, lors du défoncement, sont coupées pour fournir du combustible, et repoussent pendant les années de culture.

230. Les agriculteurs progressifs du Holstein ont récemment modifié ce système, et cherché à augmenter le produit en grains. Ils donnent une jachère pure après la première récolte d'avoine obtenue par un seul labour, dépassent rarement trois récoltes successives de céréales, et remplacent par un semis de trèfle les herbes que la culture a détruites. Quand le nombre des pièces était considérable, ils en ont soumis quelques-unes à une rotation particulière. Mais ils sont restés fidèles à l'ancien caractère du système, en ce qu'ils s'attachent principalement à nourrir

du bétail et à en retirer les plus grands produits possibles.

231. La culture par clos du *Mecklenbourg* a commencé par une combinaison de la précédente avec l'assolement triennal ou quadriennal. L'épuisement progressif des terres soumises à ces derniers systèmes obligeait les cultivateurs à restreindre l'emploi de leur fumier à une moindre surface, et le produit des domaines diminuait d'une manière effrayante. Plusieurs de ces agriculteurs, après quelques rotations triennales ou quadriennales, laissèrent leurs terres en pâturage pendant quatre ans, ce qui donna naissance à l'assolement de dix, de onze et de douze ans, avec deux jachères, dont l'une est fumée, et l'autre ordinairement sans fumure. Plus tard est venu l'assolement de six, de sept, de huit et de neuf ans, dont la jachère unique succède immédiatement au pâturage, et reçoit une fumure complète.

232. Mais la culture des grains est restée le seul but des Mecklenbourgeois : ils ne tiennent du bétail que pour le fumier, regardant les animaux domestiques comme un mal nécessaire qu'il faut restreindre dans les plus étroites limites possibles; le produit de leurs bêtes étant presque toujours affermé, et leur offrant une compensation insuffisante, elles ont fort peu de part à leur attention et à leurs soins, qu'ils réservent exclusivement pour la culture de leurs champs, et surtout pour les jachères.

233. La fixation du nombre des soles a presque toujours été considérée sous un seul point de vue. Voici la meilleure manière d'envisager cette question :

Une tête de gros bétail peut fournir l'engrais nécessaire póur fumer 20 ares. On doit donc tenir autant de bêtes que la jachère à fumer contient de fois cette surface. Il faut à chaque tête, suivant la qualité du terrain, 40, 60, 80, ou 100 ares de pâturage artificiel : ainsi les soles de pâturage doivent être dans cette proportion avec la sole de jachère à fumer. Les autres soles sont ensemencées en grains; et il s'agit de savoir combien la terre peut donner de récoltes de céréales après une seule fumure. Si elles dépassent le nombre de trois, on les fait rarement suivre sans interruption : elles sont presque toujours divisées par l'intercalation d'une jachère; et dans ce cas, la quantité d'engrais ne suffisant pas pour deux jachères, on le réserve tout entier pour la jachère d'*ameublissement* ou *intermédiaire*, sans en donner aucune partie à la jachère *brute* ou de *défoncement*, à laquelle succèdent deux ou trois récoltes de céréales nourries par la seule énergie productive résultant du repos et de la mise en herbes.

234. Si l'on prend trois récoltes après la jachère fumée ou non fumée, la première est toujours une céréale d'hiver; la seconde, une céréale d'été; et la troisième, qu'on appelle *récolte d'arrière-sole*, consiste en avoine, en pois, et quelquefois en un peu de seigle. La première est naturellement

la plus productive; la seconde est ordinairement évaluée à la moitié, et la troisième au quart, ou tout au plus au tiers de la première.

235. Le tableau suivant indique les divisions d'un domaine de 100 hectares, suivant le nombre de soles.

NOMBRE DE SOLES.	JACHÈRE FUMÉE.		JACHÈRE SANS FUMIER.		PÂTURAGE.		CÉRÉALES D'HIVER.		CÉRÉALES D'ÉTÉ.		ARRIÈRE-SOLE.		PÂTURAGE par TÊTE DE BÉTAIL.	
	h.	a.	h.	a.	h.	a.	h.	a.	h.	a.	h.	a.	h.	a.
6	16	67	»	»	33	33	16	67	16	67	16	67	0	40
7	14	30	»	»	42	80	14	20	14	30	14	30	0	60
8	12	50	»	»	50	00	12	50	12	50	12	50	0	80
	12	50	»	»	37	50	12	50	12	50	25	00	0	60
9	11	11	»	»	55	56	11	11	11	11	11	11	1	00
	11	11	»	»	44	44	11	11	11	11	22	22	0	80
	11	11	11	11	33	33	22	22	22	22	»	»	0	60
10	10	00	10	00	40	00	20	00	20	00	»	»	0	80
11	9	09	9	09	36	36	18	18	18	18	9	09	0	80
12	8	33	8	33	33	33	16	67	16	67	16	67	0	80

Le nombre des soles est rarement au-dessous de six ou au-dessus de douze.

236. Autrefois les assolements à *deux* jachères étaient fréquents dans la méthode alterne; aujourd'hui on se borne presque toujours à *une seule*. La fertilité du sol progressivement accrue par cette méthode et par les ressources qu'on s'est procurées dans la plupart des fermes, ainsi que la semence de trèfle rouge et blanc presque généra-

lement répandue dans la dernière récolte, ont permis de nourrir un plus grand nombre de bêtes avec la même superficie en pâturages, et de fumer une plus grande étendue de jachère. On présente encore en faveur de la jachère *unique* les arguments suivants :

1° Il y a moins de jachère à labourer, et il faut par conséquent moins d'attelages.

2° Une jachère plus restreinte laisse une surface plus étendue aux céréales et aux pâturages.

3° Le fumier, joint aux herbes enfouies, opère avec plus d'énergie ; il accélère la décomposition de ces dernières, et favorise par ce moyen la végétation des céréales d'hiver, qui sont le produit le plus important de l'exploitation.

Toutefois, quelques agriculteurs pratiques dont les terres sont divisées en un grand nombre de soles, persistent dans la double jachère, et ils peuvent répondre aux arguments précédents :

1° La difficulté des labours sur la jachère unique, mais plus étendue, qui succède immédiatement au pâturage, et le développement plus considérable de la surface consacrée aux céréales d'été, balancent à peu près les frais de la double jachère.

2° La diminution de la surface cultivée en grains est compensée par l'extension donnée aux céréales d'hiver qui succèdent à la jachère ; et si les pâturages sont plus restreints, ils trouvent un auxiliaire dans la seconde jachère, surtout pour les bêtes à laine.

3° Deux forces réunies sur un même point ont

sans doute plus d'effet que si elles étaient divisées,
et il peut bien en résulter une végétation luxuriante pour la sole qui en profite ; mais il serait
peut-être plus avantageux et plus sûr de les faire
agir séparément. La force productive, resserrée
dans un espace trop étroit, peut faire verser les
céréales ; du reste, l'expérience prouvant que c'est
tantôt la première jachère, et tantôt la seconde,
qui est suivie de la meilleure récolte, la double
jachère garantit un produit plus égal que celui de
la méthode opposée.

Les circonstances locales décident laquelle de
ces deux méthodes mérite la préférence. Une exploitation divisée en un grand nombre de soles
nous paraît avantageuse en ce qu'elle admet une
meilleure succession de récoltes qui permettrait
de supprimer la seconde jachère.

257. On a eu le tort de régler le calcul du bétail et des engrais uniquement sur l'étendue des
pâturages, qui ne donnent ni fourrage d'hiver, ni
fumier, puisque le bétail y passe la nuit. Aussi n'a-
t-on vu prospérer que les domaines qui possé-
daient beaucoup de prairies naturelles. Les autres,
dont les ressources se bornaient presque exclusivement à la paille, avaient des animaux languis-
sants, peu productifs, et n'en retiraient qu'un
fumier peu abondant et sans énergie. Les exploitations à un grand nombre de soles, ayant moins
de bétail, lui donnaient souvent une meilleure
nourriture.

Des agriculteurs intelligents, pour remédier à
l'insuffisance des prairies, ont consacré à la cul-

ture du trèfle quelques pièces de terre auxquelles ils ont donné le nom de *clos accessoires;* ou bien ils ont mis en défends le trèfle semé sur la première sole de pâturage, pour le couper au moins une fois. Mais la réussite du trèfle semé dans une troisième récolte de grains demandait une terre naturellement bonne et bien entretenue.

238. Les terres qui ne recevaient aucune fumure, ou qui étaient très-négligées sous ce rapport, furent divisées en *soles extérieures,* qui ne donnaient qu'une récolte, ou deux au plus, après quoi elles fournissaient un maigre pâturage aux moutons.

Mais les Mecklenbourgeois, encouragés par le succès de leur nouveau procédé, apprirent à tirer parti de la vase que la nature tenait en réserve sur plusieurs points de leur territoire. Les soles extérieures acquirent par ce moyen assez de fertilité pour pouvoir rentrer dans la classe des soles intérieures. Elles conservèrent toutefois dans la plupart des cas leur rotation spéciale, mais en avançant toujours vers la culture intérieure dans les exploitations bien dirigées. Ainsi, une grande partie des domaines sont divisés en soles principales ou intérieures, soles extérieures, et clos accessoires, qui se prêtent des secours mutuels dans le besoin de pâturage et de fourrage, et qui peuvent quelquefois varier en étendue proportionnelle sans détruire l'équilibre entre les années sous le rapport de la fumure et du travail.

239. Il est d'une grande importance, dans la *pre-*

mière organisation de cet assolement, d'examiner la localité, d'avoir égard à toutes les circonstances, et d'y conformer ses dispositions. Pour la division des soles, on n'a pas seulement à en considérer le nombre, l'étendue, la situation et la forme, mais encore et principalement l'espèce du terrain, son égalité ou sa différence. Une faute commise dans cette opération est difficile à réparer, et les changements qu'elle exige s'étendent à tout le système d'exploitation.

Mais l'organisation une fois bien établie, l'exploitation est comme une horloge qu'il suffit de remonter, et dans laquelle on ne doit rien changer ni déranger quand on n'a pas assez d'intelligence pour concevoir l'ensemble du mécanisme. Tout, dans cette organisation, est exactement déterminé d'avance, suivant les temps et les lieux. Ainsi l'activité et la bonne volonté suffisent pour en maintenir la régularité d'après les plus simples prescriptions, surtout dans les contrées où les ouvriers eux-mêmes sont accoutumés à cette méthode. Un grand propriétaire pourra surveiller, même sans être présent, plusieurs exploitations de cette espèce, et s'apercevra sans peine du dérangement ou de l'arrêt qui pourraient survenir. Les produits naturels varient peu d'une année à l'autre, et ce point est d'une importance particulière pour ceux qui tiennent principalement à tirer de leurs terres une rente assurée. Un domaine organisé de cette manière peut être affermé avec plus de sécurité, l'épuisement et les autres détériorations étant bien moins à craindre si le fermier se conforme avec exactitude aux dispositions adoptées, qui peuvent facilement être indiquées dans le bail avec toute la précision nécessaire.

240. Les avantages de ce système sur l'assolement triennal sont maintenant démontrés par une expérience de soixante années dans tout un pays où le produit des terres s'est élevé bien au-dessus de celui qu'elles donnaient autrefois, et de celui qu'on en retire dans des contrées voisines dont la position naturelle est à peu près égale. Aussi voit-on augmenter tous les jours, dans ces dernières, le nombre de ceux qui l'adoptent; et il est sans contredit préférable à tous les autres pour les domaines dont l'étendue superficielle est trop grande relativement aux capitaux et au travail dont ils peuvent disposer. On lui reproche de tendre à l'accumulation de la propriété foncière, de ne permettre aucun succès aux exploitations médiocres, et encore moins aux petites, de faire disparaître dans les campagnes la classe moyenne qui sépare la richesse de l'indigence, et d'empêcher ainsi la propagation de l'espèce humaine. Ce résultat, qui s'est en effet réalisé dans le Mecklenbourg, tient moins au système d'assolement qu'à la constitution du pays; et il n'en sera pas de même dans ceux où l'on favorise la division des grands domaines et la formation de petites propriétés *libres*, qui peuvent être acquises à un prix plus élevé dans la perspective de l'augmentation des produits au moyen d'un travail plus actif, et dont les possesseurs ne manqueront pas d'adopter une autre méthode d'exploitation.

241. L'assolement du Holstein et celui du Mecklenbourg sont susceptibles de grandes améliorations, lors même qu'on n'admettrait pas le système de la nourriture à l'étable. Une meilleure succession de récoltes permettrait de diminuer la dépense de culture en supprimant une partie des jachères pour l'employer à la production de plantes fourragères qui serviraient à nourrir le bétail pendant l'hiver et procureraient un engrais abondant. En même temps, le sol livré au pâturage serait moins épuisé; le trèfle et les graminées y pousseraient avec assez d'énergie pour qu'une moindre surface suffît à mieux nourrir le bétail pendant l'été. Les excréments, étant moins dispersés, agiraient avec plus d'efficacité sur les récoltes qui suivaient le défoncement. Ce système est celui de l'Angleterre septentrionale, et c'est à lui surtout que la Grande-Bretagne doit l'abondance de ses denrées alimentaires malgré l'accroissement prodigieux de sa population. Son introduction en Allemagne par quelques agriculteurs progressifs en fait pour nous une troisième espèce de culture alterne.

242. La *règle d'alternation* depuis long-temps reconnue mais récemment développée, consiste à intercaler entre deux récoltes de grains une plante qui absorbe dans une moindre proportion les éléments végétatifs appropriés aux céréales, et laisse le sol dans un état qui diminue les frais de la semaille suivante. Ou la nature de cette plante la rend propre à être consommée ou vendue sous sa première forme; ou elle peut servir

de nourriture au bétail pendant l'hiver ou pendant l'été; ou bien encore elle peut également,
suivant le besoin, recevoir l'une ou l'autre de ces
deux destinations : le choix dépendra de la quantité de fourrage et d'engrais nécessaire à chaque
exploitation. Il existe des fermes qui, ayant assez
de prairies, ou pouvant se procurer du fumier
au dehors, suivent la règle d'alternation sans
cultiver aucune plante fourragère. Mais l'alternation donne à *tout* agriculteur la possibilité de
cultiver sur ses terres arables autant de fourrages qu'il lui en faut pour entretenir et pour
augmenter progressivement l'énergie végétative
du sol; et c'est là le point de vue le plus important sous lequel on puisse considérer le choix
des plantes intermédiaires.

243. Il faut, en second lieu, que les cultures
intercalaires ameublissent profondément le sol,
permettent à l'air d'y pénétrer, le nettoient des
mauvaises herbes, et remplissent ainsi les fonctions de la jachère proprement dite, que toute autre
méthode rend indispensable. Ce but peut être atteint jusqu'à un certain point par plusieurs végétaux, mais plus complètement par les plantes
houées, qui, pendant l'été où elles occupent le sol,
permettent et exigent même une culture superficielle. Le retour plus ou moins fréquent de ces
derniers végétaux, la plus ou moins grande étendue de la surface qui leur est destinée, dépendent
de la nature du sol et de la position de l'agriculteur. La récolte est le seul travail pour lequel il
soit nécessaire de considérer l'abondance ou la di-

sette de main-d'œuvre, toutes les autres opérations
s'exécutant au moyen d'instruments expéditifs dont
le travail est préférable à celui de la main. Les
frais d'attelage sont inférieurs à ceux qu'occasione
une jachère bien traitée.

244. Le grand nombre des végétaux utiles et
plus ou moins demandés qui peuvent être cultivés
comme plantes intermédiaires, permet à l'agriculteur de les choisir et de les varier suivant ses
intérêts.

a) Les uns sont également propres à la nourriture du bétail et à d'autres usages.

1. Les pommes de terre, dont les emplois de
plus en plus multipliés leur donnent le premier rang parmi les plantes houées.
2. Les betteraves, avantageusement employées
à la fabrication du sucre.
3. Les différentes espèces de légumineuses, dont
les grains peuvent être vendus, ou fournir,
ainsi que leur fane, une excellente nourriture au bétail.
4. Il en est de même du sarrasin.
5. Le chou pommé.

b) D'autres sont presque toujours cultivés comme fourrage, quoiqu'on en retire quelquefois un
produit qui peut être destiné au commerce.

6. Les choux-navets, qui sont ordinairement
transplantés.
7. Les raves, qui sont semées à demeure et cultivées à la houe.
8. Les carottes.
9. Les panais.

10. Le trèfle à tête rouge. Les autres espèces de trèfle, ainsi que la luzerne et l'esparcette, ne conviennent point pour l'alternation annuelle.

11. La spergule, excellente comme récolte intermédiaire sur les terrains sablonneux.

c) D'autres, enfin, sont destinés au commerce.

12. Le tabac, qui exige beaucoup de main-d'œuvre.

13. La garance, qui occupe ordinairement le sol deux années de suite.

14. Le pastel.

15. La gaude.

16. Le fenouil.

17. Le cumin.

18. L'anis.

19. La navette et le colza d'hiver, qu'on peut semer sans crainte immédiatement après la récolte du trèfle, vu la netteté habituelle de cette fourragère dans le système alterne.

20. La navette d'été.

21. La cameline.

22. Le pavot, entre les tiges duquel on sème souvent des carottes.

23. Le lin.

24. Le chanvre.

Comme plantes houées pour nettoyer le sol et remplacer la jachère, on peut cultiver les nᵒˢ 1, 2, 5, 6, 7, 8, 9, 12, 13, 16, 17, 18; les fèves de cheval, comprises sous le nᵒ 5; et le nᵒ 19 semé en lignes et travaillé avec la houe à cheval.

Les nᵒˢ 3, 4, 10, 11, 14, 16, 17, 18, 19, 20, 21, 23, 24, peuvent être suivis d'une céréale d'hiver; il vaut mieux faire succéder aux autres une cé-

réale d'été, parce que le sol en est débarrassé trop
tard. De plus, les céréales d'hiver réussissent mal
après le n° 1.

245. Un système basé sur la règle de l'alternation admet plus de changements que toute autre
méthode. Il est déterminé dans la forme, mais libre dans la matière. La non-réussite d'un produit
peut, sous le rapport de son influence sur les intérêts de l'exploitation, être réparée à temps par
le succès d'une autre plante. Si le trèfle a souffert,
on le remplace en développant la culture des vesces
et des racines. Quand le trèfle a belle apparence
au mois de mai, on laisse mûrir une plus grande
partie des vesces, et on agrandit la portion des
plantes commerciales sur la sole des végétaux tra-
vaillés à la houe. Si le trèfle retourné ne paraissait
pas bien propre à recevoir une céréale d'hiver,
celle-ci trouverait place ailleurs, et le trèfle retourné serait réservé pour une céréale d'été.

246. Après que le sol a donné un certain nombre de récoltes ainsi alternées, on peut y semer du
trèfle rouge ou blanc, ou d'autres plantes fourragères, pour en faire un pâturage d'autant plus
fertile que le sol conserve encore une grande partie de son énergie, et que la végétation du trèfle
n'y est pas entravée par les mauvaises herbes. Le
trèfle est fauché et converti en foin la première
année, s'il n'est pas cultivé comme plante intermédiaire sur une sole spécialement consacrée à
cette destination pour l'année actuelle. Ensuite le
champ reste en pâturage un, deux, trois, ou tout

au plus quatre ans, après quoi ce qu'on peut ordinairement faire de mieux est de le retourner par
un seul labour pour y semer de l'avoine, à moins
qu'on ne veuille en employer une partie à la culture de certains végétaux qui, comme le lin, réussissent à merveille dans les bons herbages nouvellement défoncés.

Cette culture alterne avec pâturage convient
surtout au sol sablonneux, auquel le repos sous
forme de pâturage donne une liaison et une fraîcheur particulières. C'est un excellent moyen pour
élever les races perfectionnées de bêtes à laine ; et
elle peut très-bien s'accorder avec la nourriture
des bêtes à cornes à l'étable.

247. Cette alternation des récoltes calculée sur
la nourriture à l'étable avec laquelle elle se trouve
associée, a été récemment baptisée du nom de
culture alterne, quoique le premier agriculteur
qui l'a proposée ne se soit pas servi d'une expression aussi étendue. Dans ce système, on ne fauche
le trèfle qu'une année, ou deux au plus, et on le
sème toujours après une récolte houée qui a profondément ameubli le sol, complètement détruit
les mauvaises herbes, et reçu une fumure énergique : de sorte que le succès est assuré sur les
terres même qui conviennent médiocrement au
trèfle, et garantit le moyen de nourrir le bétail à
l'étable. Le mélange du trèfle avec des plantes qui
le soutiennent, lui donne un port plus ferme que
dans l'assolement triennal.

248. Ce système, qui doit être diversement mo-

difié suivant les lieux et les temps, et qui se prête
mieux qu'aucun autre à des variations annuelles
conformes aux principes généraux, me paraît être
absolument le plus parfait, le plus propre à élever le produit net des terrains médiocres, sans accroître dans la même proportion les frais de leur
culture. Je l'ai présenté comme tel; et je suis d'autant moins disposé à changer d'avis, que toutes
les objections qui n'étaient pas inspirées par la
malveillance, la passion, l'esprit de chicane, ne
reposaient que sur des mal-entendus causés par
l'ignorance ou le défaut d'examen. Quelques essais
rendus infructueux par les méprises évidentes des
agriculteurs qui s'y sont livrés, ne sauraient pré-
valoir sur les succès nombreux et éclatants obtenus malgré la difficulté des circonstances.

Mais cette perfection *absolue* et *idéale* ne prouve
pas qu'il soit *relativement* le meilleur pour chaque
position particulière. Voilà la source de l'erreur dans
laquelle on est tombé; mais cette erreur ne peut
m'être imputée, car je me suis souvent et clairement expliqué à cet égard. J'ai toujours dit que
les circonstances de lieu, de temps et de *personnes*
peuvent s'opposer à l'adoption de cette méthode,
qu'il est indispensable de les connaître et d'y avoir
égard, et qu'il faut se garder d'agir avec trop de
précipitation. Tout ce traité indique les voies que
chacun doit suivre pour approcher du degré de
perfection auquel il lui est possible d'arriver (8).

Tout industriel sait que, pour développer ou
activer son industrie, il lui faut un nouveau capital provenant de ses économies ou d'une autre
source, et que s'il est raisonnable d'en espérer des

bénéfices, il le serait généralement fort peu de compter sur un prompt recouvrement de ses avan- ces. C'est ce qu'oublient trop souvent les proprié- taires fonciers ; aussi n'est-il pas rare que l'adoption d'une méthode réellement plus parfaite les ruine ou les jette dans l'embarras. On en vit même de fréquents exemples dans le Mecklenbourg lorsque l'assolement alterne y fut introduit dans la se- conde moitié du dix-huitième siècle. La culture alterne avec stabulation permanente, exigeant des capitaux plus considérables, présenterait encore plus de dangers à l'agriculteur qui l'adopterait sans un mûr examen de sa position.

La disette de capitaux dans l'agriculture est la principale cause qui retarde la propagation de cette méthode ; bien des propriétaires qui ne peu- vent y arriver tout d'un coup, s'en approchent gra- duellement, quelquefois sans l'avouer.

La culture des plantes sarclées, surtout celle des pommes de terre, fait partout des progrès. La substitution de cette racine aux céréales pour la fabrication de l'eau-de-vie diminue la quan- tité d'éléments féconds qu'elle procurerait à la terre si ses parties les plus nutritives, au lieu d'être converties en alcohol, étaient consommées par le bétail. Mais la culture des plantes sarclées conduit nécessairement à notre système ; et la dis- tillation peut fournir le capital nécessaire, à moins que la concurrence ne devienne excessive dans certaines contrées.

249. Les obstacles physiques peuvent presque toujours être vaincus, avec plus ou moins de diffi-

culté. Ceux qui résultent de la loi ou d'un contrat réclament souvent l'intervention du gouvernement et des magistrats. L'organisation de cet assolement exige plus de qualités personnelles, de connaissances, d'art et d'activité que toute autre méthode.

250. On ne peut en général conseiller à une exploitation de se borner à un seul assolement. La combinaison de plusieurs systèmes conduit plus sûrement à la perfection relative, surtout quand la nature des sols présente une grande variété. Cet engrenage de rotations qui se soutiennent réciproquement fait souvent reconnaître les hautes intelligences. Il assure et affermit l'ensemble contre les chocs imprévus, et permet de remplacer un rouage par un autre mieux approprié à la destination actuelle du mécanisme (116).

251. La transition d'un système à un autre est ce qui exige le plus de réflexion et de discernement. Il est facile de reconnaître ce qu'il y a de plus parfait en général, ou même sous des conditions données, et par conséquent le but auquel on doit tendre. Mais si l'on veut trouver la manière de l'atteindre plus ou moins promptement, avec plus ou moins de dépense, de lever ou de tourner les obstacles qui en éloignent, il faut calculer et régler toutes ses démarches, pour ne pas s'exposer à prendre de fausses routes où l'on perdrait son temps et ses forces. On doit prévoir les cultures et les récoltes moyennes de chaque année de transition, et se réserver des ressources en cas

d'insuccès: cette dernière précaution est plus indispensable dans la période de transition qu'à toute autre époque. L'exécution prompte avec un grand capital d'amélioration est ordinairement facile; l'exécution lente avec un petit capital exige plus d'art, elle est moins brillante mais plus sûre.

TALENT.

252. Le quatrième élément de l'industrie agricole est le *talent*, qui, dans la réalité, y est généralement plus rare que partout ailleurs, quoiqu'il ne trouve nulle part une application aussi illimitée.

253. L'agriculture peut, aussi bien que toute autre industrie, être considérée comme *métier*, comme *art*, et comme *science*.

L'*artisan*, ou l'*homme de métier*, fait ce qu'il a vu faire, et à quoi il a été exercé, sans remonter par la pensée au principe de ses opérations. L'apprentissage mécanique, ou du métier, consiste à acquérir l'habitude de la main et la justesse du coup d'œil.

L'*artiste* contemple et réalise une idée qui lui est donnée par la science, et souvent, dans les arts esthétiques, par la seule imagination. Il ne peut donc être critiqué comme artiste si l'idée est défectueuse, c'est-à-dire si elle n'est pas appropriée au but dans les circonstances actuelles.

La *science* recherche et découvre l'idée qui, réalisée, offrira toute la perfection qu'il est possible d'atteindre avec les moyens donnés.

La science fait la loi; l'art l'exécute par la main du travailleur.

254. La science exige une connaissance complète de l'art et du métier : si elle n'apprécie pas, si elle ne calcule pas les moyens d'exécution, elle s'égarera dans la recherche de l'idée. Dans toutes les sciences qui ont l'expérience pour base et la réalisation pour but, la théorie sans pratique n'est qu'une vaine érudition qui ne peut marcher en avant. Il est pourtant de véritables savants qui ne possèdent pas au plus haut degré le talent d'artiste pour l'exécution.

255. Le simple artiste doit bien saisir l'idée qui lui est donnée, et l'exécuter comme il l'a reçue, lors même qu'elle lui semblerait défectueuse. S'il la modifiait sans le secours de la science, il s'exposerait à faire plus mal encore, et assumerait la responsabilité de l'insuccès.

Un agriculteur simplement artiste peut être fort précieux dans son genre : mais il est borné à ce qu'il sait; et il ne peut arriver, faute de science, à une connaissance plus élevée et plus étendue. Aussi les gens de cette espèce tiennent-ils beaucoup à leurs idées et à leurs procédés : on ne saurait les en blâmer, puisque en cela ils obéissent à la nécessité de leur position. Ils peuvent très-bien exploiter un domaine et en retirer d'excellents produits, si le plan se trouve approprié aux circonstances locales de manière à faire résulter de son exécution la plus grande perfection relative à laquelle il soit possible d'atteindre dans le cas particulier. Mais que ces circonstances viennent à changer, ou qu'on transporte ces agriculteurs dans un autre domaine : ils commettront méprise sur méprise, tant qu'on ne leur aura pas donné et profondément inculqué, avec tous ses détails, un nouveau plan dont l'intelligence leur sera d'autant plus difficile qu'ils n'auront pas le secours de la science pour en saisir les principes. Leur attachement aux anciennes pratiques est donc fondé sur une considération personnelle ; et ils méritent d'être préférés à ceux que la vanité pousse vers des innovations qu'ils adoptent sans les bien comprendre ; à ces agriculteurs téméraires dont les essais dispendieux et mal combinés, tentés sur de vagues prévisions, échouent bien des fois avant que le hasard vienne leur procurer un succès.

256. La science ne peut donner à l'art des règles *générales* et *positives :* la variété infinie des positions et des circonstances multiplierait ces règles au point que la mémoire ne pourrait les contenir, ou du moins ne les rappellerait pas au moment de l'application. Une instruction purement artistique ne peut donc trouver d'emploi que dans un seul lieu ou dans des localités analogues. L'apprentissage mécanique lui-même est moins limité sous ce rapport.

De même, et à plus forte raison, l'utilité des livres non scientifiques se borne à quelques cantons et à un petit nombre de positions agricoles. Ces ouvrages ne peuvent jamais être complets,

fussent-ils plus volumineux qu'un traité scientifique qui enseigne à trouver par le raisonnement
la manière de procéder dans chaque combinaison
de circonstances. Aussi la publication de ces écrits
purement artistiques a - t - elle été plus nuisible
qu'utile aux progrès de l'agriculture.

257. La science peut seule être enseignée, au
moyen du langage, à celui qui vient au -devant
d'elle, la reçoit, et se l'approprie. L'art et le métier,
qui s'apprennent par la vue et l'exercice, ne sont
pas moins nécessaires que la science pour former
le parfait agriculteur.

258. Quand l'instruction est reçue en même
temps par l'esprit et par les sens, les progrès de
l'élève sont plus grands et plus rapides. Mais
peu de personnes ont le temps et l'occasion d'obtenir cet enseignement simultané, l'utilité des
instituts agricoles établis pour donner cette instruction n'étant pas encore assez généralement
reconnue pour qu'ils puissent prospérer et se
maintenir, et surtout former des professeurs réunissant les connaissances et les qualités indispensables pour conduire au but de l'éducation agricole. Chez le professeur d'agriculture, les rayons
intellectuels de toutes les sciences qui ont rapport
à l'économie rurale doivent converger et se réunir pour la contemplation pratique de l'objet
essentiel. Si chaque science est enseignée isolément par un maître spécial, on formera des
mathématiciens, des chimistes, des botanistes ; on
pourra même donner aux élèves une polymathie

confuse et superficielle ; mais on n'en fera jamais des agriculteurs guidés par les lumières de la science unie à la pratique.

La localité choisie pour la fondation d'un institut agricole doit, pour que les jeunes gens n'en sortent pas avec des vues trop bornées, se prêter à une grande variété d'observations et d'expériences.

259. On a pourtant vu de parfaits agriculteurs qui s'étaient formés, sans le secours des instituts agricoles, en suivant l'une des deux méthodes que nous allons indiquer.

Les uns ont commencé par l'apprentissage mécanique, et ont ensuite développé le talent d'artiste, avant de passer à l'étude de la science principale, et à celle des sciences accessoires dans leurs rapports avec l'agriculture. Cette manière de procéder est plus sûre que la suivante, et conduit plus près du but les esprits ordinaires ; mais elle est aussi plus longue et plus pénible.

D'autres ont *commencé* par la science, et ont cherché à l'acquérir par divers moyens. Il fallait bien ensuite, pour devenir agriculteurs pratiques, apprendre l'art et s'y exercer. Mais cette tâche leur offrait peu de difficulté : connaissant les principes et le but des opérations, ils ne tardaient pas à les saisir dans tous leurs détails, en fixant leur attention sur les points essentiels. Toutefois, il faut une intelligence très-cultivée et bien réglée pour ne pas s'égarer sur cette route, comme il est arrivé à plusieurs, dont les uns, après avoir essuyé des pertes considérables, ont enfin retrouvé la bonne

voie ; et les autres ont renoncé à l'agriculture
après y avoir perdu une partie de leur fortune. On
s'oriente plus facilement au moyen du coup d'œil
acquis par la pratique de l'art.

260. L'art, et l'aptitude manuelle qui en fait partie, s'acquièrent par la vue et par l'exercice. Une
bonne direction a des avantages réels ; mais il faut
plus d'activité chez le disciple que chez le maître,
et souvent celui-ci ne tarde pas à rester en arrière.
L'habitude musculaire, l'endurcissement à la fatigue, la persévérance physique, une modération
qui sait toujours garder un juste milieu, une patience sans apathie, la sagacité observatrice ; une
bonne échelle mentale pour évaluer le temps,
l'espace et les forces ; une parfaite connaissance
des instruments morts et vivants, et de leur effet
selon la diversité des matières sur lesquels ils
agissent : telles sont les qualités qu'il est indispensable d'acquérir pour devenir artiste en agriculture. Les ouvriers doivent être considérés comme
l'instrument le plus essentiel ; il faut apprendre à
les apprécier et à les diriger moralement, et non
d'une manière purement mécanique. Il ne suffit
pas de voir agir : on fera peu de progrès si l'on ne
prend une part matérielle aux travaux d'une exploitation active et plus ou moins bien organisée ;
mais il est surtout nécessaire que l'élève soit dirigé, et qu'on ne le laisse pas opérer comme un
automate.

261. L'*étude scientifique* de l'économie rurale
a présenté jusqu'à présent d'autant plus de diffi-

cultés, que cette branche des connaissances humai-
nes n'avait pas encore été traitée comme science.

L'énorme quantité de volumes écrits sur l'agriculture en général ou sur chacune de ses parties,
n'offrent que des idées confuses, obscures et con-
tradictoires, au lecteur dépourvu des lumières de
la critique.

Parmi les auteurs, on peut distinguer des *praticiens* et des *théoriciens;* parmi les livres, des
traités *généraux*, et des traités *spéciaux* sous le
rapport de l'*objet* ou de la *localité*.

262. Plusieurs *praticiens* ont bien mérité de
l'art et de la science en présentant avec exactitude et clarté le fruit de leurs observations personnelles. Mais trop souvent ces agriculteurs, appuyés sur leur expérience locale, et supposant que
le sol, le climat, la position agricole, sont partout
à peu près les mêmes, n'indiquent pas ces circonstances d'une manière assez précise, et recommandent ou condamnent sans restriction tel ou tel
procédé, suivant le succès qu'ils en ont obtenu.
L'agriculteur formé pourra souvent compléter et
rectifier ces notices d'après ce qu'il connaît de
l'usage du pays, d'après les circonstances accessoires, ou même d'après le résultat de l'expérience signalée. Il n'en est pas de même du commençant, qui adopte aveuglément tout ce qu'il
rencontre dans de pareils ouvrages, ou qui n'y
ajoute plus aucune foi dès qu'il a trouvé dans un
fait rapporté quelque chose de contradictoire avec
ses propres idées.

Du reste, ces praticiens *purs* sont en petit nombre, un homme se décidant rarement à écrire sans avoir déjà pris goût à la littérature de sa spécialité. La lecture lui a donné des vues et des idées différentes de celles qu'il a puisées dans sa pratique : si ses connaissances sont moins limitées que celles du praticien pur, elles auront encore plus de confusion et d'obscurité. Il a ordinairement pris parti dans la polémique de son époque, de la société qu'il fréquente, du journal qu'il lit. Ses rayons intellectuels peuvent-ils ne pas dévier en traversant des milieux aussi divers? Ses notions incomplètes suffisent-elles pour corriger les erreurs puisées à ces différentes sources, et dont la rectification exigerait une science beaucoup plus profonde? Comment, dans des ouvrages écrits avec de pareilles ressources, démêler le bon et l'utile au milieu du fatras qui les encombre? En lisant ces livres, comme en écoutant un récit verbal, il faut régler sa confiance d'après le caractère du narrateur. Et pour découvrir ce caractère, il est certain cachet de vérité, certains traits, certaine physionomie de style, qui trompent rarement le véritable connaisseur.

265. On distingue les *théoriciens compilateurs,* qui se bornent à recueillir les opinions d'autrui; et les *véritables théoriciens,* créateurs du système qu'ils exposent.

La simple *compilation* peut avoir son mérite et son utilité, quand la diligence et la sagacité président à la distribution des matériaux, et qu'on les donne pour ce qu'ils sont en réalité. Mais elle n'est généralement, dans la littérature agricole, qu'une copie sans discernement et sans examen, un plagiat mal-adroitement exercé sur six ouvrages pour en composer un septième. De cette espèce sont la plupart des livres auxquels on donne pour titre : *Système....* — *Manuel complet,* — *Ensemble de l'Economie rurale.* Ils ont ralenti le développement et la propagation de la science, et même de la pratique. Le vrai, le demi-vrai, et le faux, ayant toujours passé confusément d'un livre dans un autre, l'ignorant ne peut regarder comme faux ce qui est écrit dans tant d'ouvrages, et considère comme un méchant critique celui qui ose élever isolément sa voix contre une si imposante majorité. Ces copistes ont d'ailleurs assez d'effronterie pour se donner l'air d'hommes expérimentés, quoiqu'ils n'aient jamais exercé leur profession qu'avec la plume et dans leur cabinet.

Les *vrais théoriciens* empruntent également les faits sur lesquels ils fondent leur raisonnement et leur doctrine; mais ils apportent plus de discernement dans cet emprunt. Toutefois, s'ils n'ont rien vu par eux-mêmes, s'ils ne possèdent pas une expérience personnelle, ils contribuent généralement fort peu au développement ou à l'élucidation de la science : ils manquent de la pierre de touche indispensable pour juger les expérimentations étrangères, et envisagent rarement leur objet sous le point de vue le plus fertile en conséquences. Quelques-uns, considérant l'agriculture sous le rapport financier, se sont appuyés sur des principes reçus, ou même confirmés par des lois, dont la sanction ne les rend pas plus justes; et sur les procédés en usage dans leur contrée. D'autres, basant toute cette science économique sur l'histoire naturelle, l'ont traitée comme une application de cette dernière : ils voudraient transformer la campagne en jardin botanique ; ils recommandent une fumure énergique, un travail soigné, un grand déploiement de capitaux ; mais ils oublient d'indiquer la source d'où jaillissent tous ces éléments de fécondation.

264. Les ouvrages spéciaux, en agriculture, s'occupent d'objets particuliers ou d'exploitations locales. Ils sont généralement mieux raisonnés, plus complets, et appuyés sur une observation plus attentive : car on ne se décide guère à écrire sur une matière spéciale sans l'avoir soigneusement étudiée par les sens et la réflexion. Ces sortes d'écrits sont donc la partie la plus précieuse de notre littérature agricole.

Toutefois, les auteurs qui écrivent sur des opérations ou des produits spéciaux, tombent trop souvent dans deux défauts qui déprécient leurs ouvrages. Pour grossir le volume, ils ont recours à une prolixité qui noie l'utile dans le superflu. De plus, ils donnent à leur objet une importance exagérée, ils promettent des succès infaillibles ; et l'agriculteur inexpérimenté, séduit par la perspective de ces brillants avantages, néglige tout le reste pour se livrer exclusivement à l'exploitation de cette mine d'or, sans avoir eu la précaution de sonder le terrain pour s'assurer de son existence.

La description des systèmes locaux est ordinairement intéressante : car la comparaison des méthodes adoptées dans différents pays, et des résul-

tats qu'elles ont fait obtenir, peut mener à des
conséquences importantes pour l'art et pour la
science. Mais ce tableau, lors même qu'il est un
peu flatté, doit avoir au moins le mérite de l'exactitude et de la ressemblance ; et le point de vue doit
être choisi de manière à faire tomber sous les yeux
tous les détails dignes de fixer l'attention. Ce point
de vue est ordinairement mieux saisi par les étrangers que par les habitants du pays, qui laissent
souvent dans l'ombre des circonstances essentielles,
parce qu'ils les supposent déjà connues. Mais il
faut, pour cela, que ces étrangers aient fait quelque
séjour dans la contrée, et se soient mis en relation
avec le peuple de la campagne. L'observateur véritablement profond sait apprécier à leur juste valeur les remarques fugitives et souvent absurdes
faites en regardant par la portière ou recueillies
à table d'hôte, sur l'agriculture d'un pays qu'on a
traversé en chaise de poste.

265. Pour lire avec fruit, je pourrais même dire
sans désavantage, il faut déjà connaître l'objet de
la littérature agricole, son histoire, le degré de
perfection, les préjugés et les discussions qui caractérisent ses différentes périodes. La lecture, dans
cette partie comme dans beaucoup d'autres, n'est
donc guère le fait du commençant qui la regarde
comme un moyen de s'instruire à la dérobée dans
ses heures de loisir ; et je ne suis jamais plus embarrassé que lorsqu'un élève encore peu avancé
me demande quels livres il doit lire. On ne peut
lui indiquer que des *passages* à prendre dans tel
ou tel ouvrage. La direction et les explications d'un

maître peuvent seuls lui rendre la lecture profitable.

Celui qui veut apprendre cette science ou toute autre dans les livres, ne doit pas se contenter d'une lecture passive; il doit y joindre une étude active, et ne pas commencer par un livre facile et superficiel, mais par un ouvrage raisonné, en cherchant à bien saisir le sens de chaque proposition.

266. On a senti depuis long-temps le besoin de traiter et d'enseigner l'agriculture d'une manière scientifique; et dès le commencement du siècle dernier on a créé des chaires d'agriculture dans les universités.

Elles ont un double but.

Elles doivent donner au savant et à celui qui se destine aux affaires une connaissance suffisante de l'industrie agricole considérée dans son ensemble. Ce but peut être atteint par l'exposition orale.

Elles doivent aussi donner l'éducation scientifique à celui qui a le projet de se vouer à la pratique de l'agriculture. Pour cela, il faut que l'élève ait déjà acquis par les yeux la connaissance de son objet, et qu'il ait reçu au moins l'instruction artistique; il faut que son goût pour la vie et l'activité agricoles puisse résister au ton et à l'esprit des universités; il faut encore que les sciences accessoires, pour lesquelles surtout on choisit ces écoles, soient enseignées dans leur application particulière à l'agriculture, et par conséquent avec une certaine connaissance de celle-ci, connaissance que l'on trouve rarement chez les professeurs, et pourtant indispensable pour que le jeune homme qui désire de s'instruire ne soit pas détourné du but principal de ses études.

L'espèce de liaison établie entre l'institut agricole de Mœglin et l'université de Berlin, offre aux élèves, sous ce dernier rapport, un avantage qu'ils trouveraient difficilement ailleurs.

267. Pour faciliter les progrès de la science agricole et la diffusion générale des lumières parmi les cultivateurs, on a souvent essayé de créer des *fermes expérimentales* et des *fermes-modèles;* mais le succès a rarement couronné ces tentatives. Il ne faut pas confondre ces deux sortes d'établissements, dont le but est différent, et presque diamétralement opposé. Les fermes expérimentales ont pour objet de découvrir ce qu'il y a de mieux à faire dans des circonstances données, de décider les questions douteuses. Les fermes-modèles emploient et proposent à l'imitation les procédés dont la supériorité est reconnue. La ferme expérimentale et la ferme-modèle peuvent être réunies dans un même lieu et sous une même direction; mais elles doivent être entièrement séparées sous le rapport du but, de la marche et des calculs, ce qui n'est pas sans difficulté. D'ailleurs, l'expérimentation, qui, pour être décisive, doit offrir des insuccès, affaiblira chez quelques-uns l'impression de la ferme-modèle.

Une ferme-modèle établie dans chaque contrée serait surtout très-utile aux petits cultivateurs, et aurait sur eux une grande influence, si elle était organisée et conduite d'une manière appropriée aux circonstances locales et à la position des habitants.

Le grand agriculteur saura bien trouver (268) les modèles à suivre, et les appliquer à son exploitation après leur avoir fait subir les modifications nécessaires.

268. Les *voyages* sont un complément presque indispensable de l'éducation agricole. Mais, pour être vraiment profitables, ils exigent beaucoup de connaissances préliminaires et un certain usage du monde. Il faut, avant toutes choses, étudier la position physique, géographique, commerciale et statistique du pays, dans ses rapports avec l'agriculture; il faut se familiariser avec les mesures et le langage agricole usités dans la contrée, s'accommoder au caractère et aux mœurs des habitants de la campagne, pour gagner leur confiance; avoir le temps et la patience de prendre des informations exactes sur les objets importants; posséder l'art d'interroger, d'analyser et d'éclaircir par la conversation les réponses trop vagues, sans fatiguer l'interlocuteur; s'interdire toute improbation, et ne pas vouloir mal à propos donner des leçons au lieu d'en recevoir; chercher à connaître dans leur ensemble et dans tous leurs détails les exploitations remarquables, et ne pas se laisser induire à de fausses conclusions par l'éclat des faits isolés qu'elles présentent; se munir de patience et de persévérance pour supporter les petits désagréments auxquels on pourra être en butte; conserver toujours une modestie sans timidité; savoir écarter dès l'abord, par la franchise de sa conduite, tout soupçon de vues étrangères au véritable objet de ses recherches, soupçon au-

quel l'éducation négligée de quelques habitants
de la campagne expose trop souvent des voyageurs
dont les intentions sont irréprochables. On ne man-
quera pas de renseignements si on les paie en té-
moignages de reconnaissance, un honnête laboureur se trouvant flatté d'avoir des imitateurs; c'est
ordinairement le contraire dans les manufactures.

269. On ne peut contester l'heureuse influence
des *sociétés agricoles* régulièrement organisées,
sur le développement de l'intelligence pratique.
Mais ce but n'est pas atteint par celles qui prennent le masque des sociétés savantes, et dont les
membres perdent leur temps en formalités, en
lectures ennuyeuses, au lieu de l'employer à se
communiquer librement leurs observations et
leurs opinions, à réunir leurs lumières par la
discussion, à provoquer l'imitation des bons procédés, à donner et à recevoir des avis; à traiter
les questions douteuses avec logique, franchise et
convenance, sous la direction d'un président; à
conclure des affaires entre voisins, à recueillir des
informations sur les conjonctures commerciales,
et quelquefois à s'occuper de spéculations avantageuses dans une réunion spéciale. On pourrait lier
à ces sociétés, dans certaines contrées, des marchés
et des expositions de bestiaux. Le goût et le caractère allemands s'accommoderaient assez bien de
ces associations corporatives, s'ils n'en étaient dé-
tournés par l'influence des mœurs étrangères. Il
faut aujourd'hui nous proposer l'exemple des Anglais pour nous faire agréer cette institution, et en

général pour ranimer l'esprit public qui s'éteint partout, principalement dans les campagnes.

270. Sous le rapport industriel, on peut considérer l'habileté comme un *capital*. Il faut l'acquérir, et elle donne un revenu généralement proportionné à ce qu'elle a coûté. Le nom de *talent* pourrait bien dériver de cette analogie.

271. Le capital et le travail à dépenser pour apprendre une profession sont en raison directe de sa difficulté, du degré d'habileté qu'on veut acquérir; et en raison inverse de la fréquence et de la commodité des occasions qu'on trouve dans un pays pour obtenir cette instruction.

272. Dans presque toutes les professions, les frais d'apprentissage sont plus considérables qu'ils ne le paraissent au premier coup d'œil. Le jeune homme, qui, dès l'âge de douze ans, aurait pu subvenir à ses besoins au moyen d'un travail facile et purement mécanique, est obligé, s'il veut apprendre un état, d'acquérir des connaissances préliminaires, de se livrer à un travail assidu, de s'entretenir, et de payer les leçons qu'il reçoit. La rentrée du capital dépensé pour cet objet, avec ses intérêts composés, est plus ou moins prompte suivant le degré de perfection auquel on veut parvenir. L'artisan le recouvre plus tôt que l'artiste et le savant.

Cette compensation au moyen de bénéfices postérieurs est d'autant plus incertaine que la profession exige un plus haut degré d'habileté pour donner un revenu proportionné à ce qu'elle a coûté. Même dans les métiers les plus simples, sur quatre jeunes gens qui les apprennent, il n'y en a que trois qui deviennent assez bons ouvriers pour recouvrer les frais de leur apprentissage. Dans un art et dans une science où les capacités supérieures sont seules appréciées, ces dépenses sont perdues pour le plus grand nombre : mais ceux qui réussissent sont d'autant plus recherchés et d'autant mieux rétribués ; ce qui n'arriverait pas si les grandes capacités étaient plus nombreuses, ou si l'on pouvait se contenter des petites. De plus, le capital d'apprentissage n'est placé qu'à rente viagère ; il s'éteint avec la vie ou les facultés : cette considération doit entrer dans le calcul de ses intérêts.

On verra donc peu de notabilités et beaucoup de médiocrités dans une profession où les premières sont peu appréciées, et les secondes suffisamment rétribuées. C'est ce qui a eu lieu jusqu'à présent pour l'agriculture, où l'occasion d'acquérir des talents distingués était d'ailleurs assez rare, et exigeait souvent des déplacements impossibles ou trop dispendieux pour le plus grand nombre. Il n'est donc pas étonnant que l'espoir d'utiliser ces talents pour son propre compte ait été le seul motif assez puissant pour déterminer un esprit calculateur à d'aussi grands sacrifices ; et les plaintes sur le manque de bons agriculteurs qui veuillent employer leur capacité au service d'autrui, sont aussi naturelles que bien fondées. En revanche, il y a partout surabondance des mauvais.

273. Quoique aujourd'hui l'importance d'un habile chef d'exploitation soit de plus en plus généralement reconnue, et qu'on cherche à se le procurer en lui offrant un traitement considérable, il reste encore la difficulté de bien démêler le vrai talent dans la foule de ceux qui l'affichent. Pour cela, il faudrait le posséder soi-même, et rien n'est plus rare parmi les propriétaires qui en auraient besoin pour fixer leur choix. Le succès ne peut le faire reconnaître qu'à la longue, une courte expérience permettant à l'inhabileté de se cacher derrière le hasard, dont la véritable influence ne saurait être appréciée que par le connaisseur. Il ne suffit pas d'éprouver le savoir, qui échouerait dans l'application s'il n'était secondé par le talent d'artiste.

Il faut donc un goût bien décidé, une certaine vocation intérieure capable de vaincre toutes les difficultés, pour se livrer à cette étude sans avoir la perspective d'exercer l'industrie agricole à son propre compte. Des talents de cette espèce ne peuvent être dignement rétribués que par de grands propriétaires qui veulent soumettre l'exploitation de leurs domaines à une direction étrangère. Et cette rétribution ne sera presque jamais trop élevée pour être avantageusement compensée par l'augmentation des produits, si le talent se trouve accompagné de la parfaite loyauté qui caractérise *habituellement* les hommes peu fortunés qu'une passion invincible a poussés à l'étude de l'agriculture malgré le peu de chances de bénéfices qu'elle paraissait leur offrir dans une semblable position.

274. Il est encore une classe particulière d'agriculteurs qui, sans se livrer spécialement pour eux - mêmes à l'exercice de l'agriculture, ne s'engagent pas au service d'un autre individu, mais sont employés et rétribués par l'état, et se chargent de diriger temporairement, par leurs conseils, de grandes entreprises individuelles. Ils sont connus dans plusieurs pays de l'Allemagne sous le nom de *commissaires d'économie ;* en Angleterre, sous celui de *land-surveyors ;* et dans certaines contrées on donne à peu près le même sens au nom d'*arpenteur,* parce que la géométrie y est considérée comme la fonction principale des agriculteurs de cette espèce.

Quand ils remplissent leur charge avec la capacité et le zèle qu'on peut exiger d'eux, ils doivent être considérés comme des citoyens très-utiles, et à certains égards comme des fonctionnaires publics qui méritent d'être respectés et dignement rétribués. Mais l'usurpation de ce titre par les personnages les plus indignes, et les méprises des gouvernements dans la distribution de ces places, ont affaibli en plusieurs pays la considération qui devrait toujours entourer des hommes de cette importance.

275. Il faudrait que ces commissaires eussent une connaissance pratique et scientifique de l'industrie agricole dans son ensemble et dans chacune de ses opérations ; connaissance acquise par la vue personnelle des objets, aussi bien que par l'étude des meilleurs ouvrages ; connaissance ap-

plicable en tout lieu, et non restreinte à un petit nombre de localités.

Il faudrait encore qu'ils eussent assez de notions élémentaires sur les diverses branches de l'histoire naturelle, pour pouvoir comprendre, examiner et juger tout ce qui, dans cette science, a rapport à l'agriculture en général et à chacune de ses ramifications. Ils devraient donc connaître la physique, la chimie, la botanique, la minéralogie, la zoonomie, non pour contribuer aux progrès de ces sciences, mais pour en appliquer les découvertes à l'agriculture, à l'appréciation exacte et à la rectification de ses expériences.

Nous exigerions encore d'eux autant de mathématiques pures qu'il en faut pour bien comprendre l'arithmétique, la géométrie, la mécanique et l'hydrodynamique appliquées; l'habitude du calcul, de l'arpentage et du nivellement;

La connaissance de la constitution et des lois, de la procédure, et de la marche des affaires, dans leurs rapports avec la propriété foncière et l'industrie agricole;

Enfin, le talent d'écrire avec clarté et précision sur tous les objets qui rentrent dans leur emploi; d'exposer leurs pensées et de répondre aux objections avec ordre et sans prolixité; de descendre, dans la conversation, au niveau des vues, des idées et du langage des personnes avec qui ils se trouvent en rapport dans l'exercice de leurs fonctions.

276. On ne trouvera pas de tels hommes sans les chercher *sérieusement;* mais ils seront recher-

chés, honorés et récompensés, quand on connaî-
tra les services qu'ils peuvent rendre à l'état, à la
prospérité générale et aux intérêts particuliers,
par de sages conseils sur la création et l'exécution
des lois, par la propagation des principes et des
exemples; par la direction d'entreprises et d'améliorations importantes, par l'application raisonnée
des meilleures méthodes d'appréciation, etc., etc.
Tout cela ne tardera sans doute pas à être reconnu,
si l'on procède avec circonspection au choix des
premiers sujets.

DIRECTION DE L'EXPLOITATION.

277. Un *directeur d'exploitation* doit donner
constamment à tout degré et à toute espèce de
forces l'activité la plus grande et la mieux appropriée au but, et employer de la manière la plus
avantageuse tous les moyens équitables qui sont
à sa disposition, pour élever le revenu net jusqu'aux limites du possible.

278. Pour cela, il faut que tout s'engrène et
marche ensemble : ainsi l'unité de la volonté et
des ordres est absolument indispensable. Tout doit
partir d'une seule intelligence qui ne doit jamais
perdre de vue l'ensemble et chacune de ses parties.

279. Rien n'est donc plus pernicieux que la division et la contradiction qui se manifestent dès
l'instant où les mesures adoptées par une personne sont sujettes à être modifiées par une autre,

lors même que du changement ordonné il résulterait pour le moment une véritable amélioration. Ce manque d'unité est inévitable quand le maître de la ferme, et celui qui la dirige habituellement sans sa participation, sont deux personnes différentes. Un maître qui se réserve le droit de modifier l'organisation sans le libre aveu du directeur, usurpe les fonctions de celui-ci, qui n'est plus dès-lors que son adjoint. Cette espèce d'arrangement n'est pas impossible; il peut suffire pour faire marcher, même en l'absence du maître, une exploitation déjà organisée; mais il a toujours ses difficultés et ses imperfections : le subordonné ne saurait être responsable du résultat général, et l'indifférence est la suite ordinaire de cette irresponsabilité.

Le *directeur* est donc celui qui organise et dirige l'exploitation pour lui même ou pour autrui, mais dont les pouvoirs, dans l'un et l'autre cas, sont illimités.

280. Dans un grand domaine dont l'exploitation est très-compliquée, on emploie plusieurs *sous-inspecteurs, sous-régisseurs* ou *commis*. Il faut que leur sphère d'activité et les limites de leurs pouvoirs soient nettement tracées. Ils ne doivent pas en sortir sans le consentement exprès du directeur, ni s'écarter de ses ordres positifs, lors même qu'ils trouveraient réellement l'occasion de faire mieux : car, leur vue ne pouvant embrasser le mécanisme général, ils n'ont jamais la certitude que ce mieux n'occasionera pas ailleurs un mal qui échappe à leur prévision. La science ne leur est

donc pas nécessaire, ils n'ont besoin que d'une capacité artistique appropriée à la localité. Ceux qui ont fait leur apprentissage sur les lieux, qui dès l'enfance ont servi dans l'exploitation, et se sont distingués par leur fidélité, leur assiduité et leur aptitude, méritent donc la préférence sur les étrangers. Un savant qui se placerait dans cette position subalterne pour perfectionner ses talents artistiques, devrait renoncer à ses propres vues, quelle que fût leur supériorité ; il devrait exécuter le mieux possible les ordres qu'il aurait reçus, et se renfermer strictement dans le cercle de ses fonctions. Ces sous-régisseurs surveillent des branches spéciales, ou des métairies séparées quoique soumises à la même direction supérieure.

Ils sont ordinairement secondés par les *apprentis* qui cherchent à être admis dans les grandes fermes, et qu'on y reçoit volontiers, quelquefois pour servir de contrôle et de stimulant aux sous-régisseurs. Mais une semblable position est peu favorable aux progrès de ces apprentis, dont les supérieurs immédiats sont intéressés à retarder le développement de leur intelligence. Ils se trouvent ordinairement mieux placés dans une petite exploitation, où le directeur les forme par lui-même, et les initie peu à peu à l'organisation générale du domaine et aux affaires de la direction.

281. Dans quelques exploitations importantes, le directeur a pour adjoints un caissier, un magasinier qui a la clef des provisions, un teneur de livres, et souvent plusieurs autres personnes qui exercent les unes sur les autres un contrôle

dont le directeur lui-même n'est pas exempt s'il est, comme elles, aux gages du maître de la ferme.

282. Les ouvriers qui président immédiatement aux différentes espèces de travaux, en y prenant eux-mêmes une part active, sont ordinairement aux ordres des sous-régisseurs.

283. Chacun des travaux ordinairement confiés aux femmes, tels que le ménage, la laiterie, l'éducation du petit bétail, etc., etc., est soumis à la surveillance d'une personne du même sexe.

284. Dans les fermes où l'on emploie un personnel considérable, il est de toute nécessité que la discipline soit observée comme dans une armée ; que les ordres soient transmis de grade en grade, sans en franchir un seul. Si le directeur, par exemple, commandait immédiatement à un chef-ouvrier ou à un domestique sans que le sous-régisseur en fût instruit, cette transgression causerait du trouble dans la hiérarchie, et les employés intermédiaires ne seraient plus responsables. Il faut encore éviter, autant que possible, de faire porter les ordres par un tiers, à moins qu'il ne soit commissionné près du directeur pour cet objet spécial.

285. La plupart des agriculteurs pratiques, tout en reconnaissant qu'il faut entretenir convenablement les domestiques, et ne leur refuser aucune des choses auxquelles ils ont droit d'après l'usage

du pays, recommandent la sévérité, la dureté et
la hauteur dans les rapports avec eux, et réprou-
vent, comme inutiles et contraires au but, les
manières propres à gagner leur affection. Quant à
moi, j'ai acquis la preuve que ce dernier moyen,
employé avec intelligence, procure, en somme,
des avantages plus grands et plus durables. Il ne
faut pas, sans doute, vouloir agir sur eux par des
discours pathétiques, des prières, des plaintes af-
fectueuses, qu'ils regarderaient comme des mar-
ques de faiblesse, mais bien par des actions. Il est
surtout d'une haute importance qu'ils reconnais-
sent dans le directeur et dans leurs autres supérieurs un vif intérêt et des efforts persévérants
pour le succès de l'exploitation. Si les chefs craignent les incommodités, les privations, et sacri-
fient le devoir au plaisir, les domestiques se croi-
ront autorisés à suivre leur exemple autant qu'il
sera en leur pouvoir. Le mal serait à son comble
s'ils s'apercevaient que leur préposé immédiat
n'est qu'un serviteur à l'œil, et que néanmoins il
est dans les bonnes graces du directeur. — S'ils
remarquent, au contraire, que le directeur et tous
ceux qui leur commandent remplissent leurs fonctions avec zèle et intelligence, qu'ils sont capables
d'apprécier la quantité et la qualité du travail, et
de reconnaître si les subordonnés ont fait leur
devoir; si l'on sait les exciter au travail, les tenir
en bonne humeur, et endormir la fatigue, par
des propos gais et bienveillants, je suis convaincu
par ma propre expérience que ces exemples et ces
procédés inspireront à presque tous les domestiques un véritable attachement pour la personne

et les intérêts de celui qui leur donne de l'ouvrage
et du pain. On convient que le paysan, le petit
cultivateur, quoiqu'il ne puisse employer aucun
moyen de contrainte envers ses domestiques et
les entretienne assez mal, en obtient de meilleurs
services que l'agriculteur placé dans une position
plus élevée. Comment expliquer cette différence
sans recourir au principe que je viens de poser ?
La présence, la direction et la participation de la
maîtresse, dans les travaux féminins, auront une
influence encore plus marquée, le penchant à l'i-
mitation étant encore plus fort chez les femmes
que chez les hommes.

Il peut bien ne pas en être de même dans les
contrées où les travailleurs ont été jusqu'à présent
maintenus dans un tel état, que l'ivresse ou le
sommeil sont les seules jouissances qui leur fas-
sent supporter la vie.

286. On doit remplir scrupuleusement à l'égard
des domestiques tous les devoirs imposés par les
conventions, ainsi que par les usages locaux, ce
qui exige une parfaite connaissance de ces derniers. Mais si l'on sortait de ces limites, on ne serait bientôt plus libre de s'arrêter. L'eau-de-vie
donnée en grande quantité est le moyen le plus
pernicieux qu'on puisse employer pour les animer
au travail. L'activité passagère qu'elle produit d'a-
bord, est bientôt suivie d'un relâchement auquel
on ne peut remédier qu'en augmentant progressivement la dose, jusqu'à ce que l'habitude ait
complètement détruit la propriété excitante de
cette boisson spiritueuse.

287. Nous aurions pu indiquer sous les n°s 31-54 les proportions des forces nécessaires pour exécuter les travaux d'une ferme, suivant sa grandeur et l'organisation de sa culture. Le calcul des opérations pour chaque période est sans doute d'une très-grande utilité; mais l'emploi des forces actuellement disponibles n'en réclame pas moins tous les jours et à tous les instants l'attention du directeur, la température ou d'autres incidents impossibles à prévoir l'obligeant souvent à modifier ses dispositions primitives. Le résultat de certains travaux dépendant beaucoup de la constitution atmosphérique, il faut épier le moment favorable, et se hâter d'en profiter. Les diverses opérations doivent constamment être rangées dans l'esprit du directeur suivant le degré actuel de leur importance : car, les forces destinées à l'exécution du travail étant toujours limitées, il est souvent obligé de faire passer, malgré lui, le nécessaire avant l'utile. C'est en quoi les commençants se méprennent souvent dans leur propre exploitation, et plus encore dans les jugements qu'ils portent sur celles des autres agriculteurs : ils blâment la remise ou l'omission d'un travail utile, mais qui, dans les circonstances présentes, n'aurait pu être exécuté qu'aux dépens d'un travail plus important.

288. Si l'on a toujours présents à l'esprit les travaux nécessaires et utiles à chaque époque de l'année, plusieurs de ces travaux, et particulièrement les petits, seront exécutés avec une grande économie de temps et de bras, et les forces actuel-

lement disponibles recevront toujours le meilleur emploi. Elles ne doivent jamais rester dans l'inaction; il faut avoir l'art de faire paraître urgentes les opérations qui pourraient être différées, afin que les subordonnés ne soient pas tentés de se laisser aller au relâchement. Ainsi, pour ne pas être embarrassé un seul instant dans le cas où un travail serait terminé plus tôt qu'on ne l'avait prévu, on aidera la mémoire en inscrivant dans un agenda, par semaine et par jour, toutes les opérations dont on pourra s'occuper, et surtout les menus travaux qui sont propres à remplir les intervalles.

289. Les travaux doivent être distribués entre les ouvriers, aussi bien qu'entre les bêtes de trait, de la manière la mieux appropriée aux forces et à l'aptitude individuelles. Il faut donc connaître les forces, l'aptitude, et même les goûts de ses ouvriers ordinaires.

290. Le nombre des ouvriers doit être dans une juste proportion avec les travaux à exécuter. En général, il n'est pas avantageux d'entreprendre de grands travaux avec de petites forces, ou de petits travaux avec de grandes forces : les premiers méritent une surveillance spéciale, il n'en est pas de même des derniers. Toutefois, il est plus facile de contrôler un petit nombre d'ouvriers sous le rapport de la qualité et de la quantité du travail. Les travaux doivent, autant que possible, être toujours réglés, à l'égard de l'époque et du lieu, de manière à pouvoir être surveillés en même

temps. Pour cela, il faut concentrer les forces et accélérer la besogne, surtout quand on opère sur des surfaces éloignées.

291. On doit éviter, le plus possible, d'interrompre les travaux commencés, et de faire changer de travail ou d'instrument sans nécessité, aussi bien pour les bêtes que pour les hommes. Il ne faut pas négliger de se procurer, autant qu'on le pourra, les grands avantages que présente la division du travail (23) dans une exploitation active.

Il est bon de donner à la tâche tous les travaux susceptibles d'être mesurés, et d'accoutumer les journaliers à cette manière de travailler.

292. L'emploi le plus avantageux possible de tous les produits et de tous les matériaux, une économie sans avarice mal-entendue, la substitution d'un article de bas prix à celui qui coûte davantage sans mieux remplir son objet, le soin d'avoir constamment une provision suffisante de toutes les denrées nécessaires, de ne jamais laisser la caisse au dépourvu, et de se procurer une position favorable sous le rapport commercial, sont des traits qui caractérisent essentiellement le bon directeur d'exploitation agricole.

Une comptabilité régulière est le plus sûr moyen de bien remplir toutes ces obligations.

COMPTABILITÉ.

293. On a vu, sans doute, plusieurs agriculteurs faire marcher leur exploitation, et même s'enrichir, sans tenir aucune comptabilité, ou en notant simplement leurs recettes et leurs dépenses; mais on ne se laisserait plus aller impunément à une pareille négligence. Ces succès n'étaient pas le fruit d'une culture intelligemment dirigée; ils étaient le résultat du hasard, d'une acquisition ou d'une amodiation à vil prix, de conjonctures favorables, sans autre talent qu'une grande économie; et d'ailleurs, une direction raisonnée aurait pu les rendre beaucoup plus grands. Aujourd'hui, on compterait vainement sur les faveurs du hasard, les corvées disparaissent, le travail se paie avec des capitaux: les écritures et les calculs sont donc aussi indispensables pour l'agriculteur que pour le négociant. C'est l'unique moyen de reconnaître clairement l'influence des parties sur le résultat général, pour se décider à les développer, à les restreindre, à les supprimer, ou à les modifier, suivant les avantages ou les inconvénients qu'elles présentent. Des livres tenus avec exactitude rectifient les jugements, en faisant voir qu'une branche dont les fruits ont réellement un aspect séduisant, s'est enrichie aux dépens des autres, et occasione une perte considérable sur le produit général; tandis qu'un rameau qui semblait stérile, a été une source de vie pour les autres parties de l'arbre industriel.

294. On divise la comptabilité en deux parties.

La première est la *comptabilité permanente*, qui ne reçoit de nouvelles écritures qu'une fois par an.

Elle comprend le *livre foncier*, ou le *terrier*, avec les actes et documents qui s'y rapportent.

Ce terrier doit renfermer une description complète du domaine dans son ensemble et dans toutes ses parties ; l'indication de ses droits et charges, et de ses rapports avec les autres propriétés. Il est souvent utile d'y joindre une chronique des événements qui concernent la localité.

295. A la description du domaine appartiennent nécessairement une *carte* ou *plan*, et un *tableau des contenances*. Ce plan devrait être non-seulement géométrique, mais encore agronomique ; c'est-à-dire qu'il devrait indiquer, par des couleurs ou d'une autre manière, la nature et les variations du sol, les nuances intermédiaires entre ses différentes espèces, et les parties humides. Il faudrait encore que les collines et les cours d'eau y fussent dessinés à la manière ordinaire, et enfin que toutes les divisions économiques y fussent marquées avec la plus grande précision. Les *tableaux de contenances* et de *classification* doivent donner ces mêmes indications avec plus de détail, en renvoyant à la carte. Si l'échelle du plan général est trop petite pour permettre d'y présenter clairement toutes ces distinctions, des cartes agronomiques partielles offriront le moyen de remédier à cet inconvénient.

296. Le plan et la description du domaine, s'ils

ont toute l'exactitude désirable, permettent au propriétaire actuel de déduire avec une plus grande clarté la manière de procéder dans l'administration et la culture, d'éviter les méprises, et de mieux s'entendre avec les sous-régisseurs. Mais ces renseignements sont encore plus précieux pour le successeur qui entre en possession : ils sont pour lui un guide infaillible dans le choix des modifications à entreprendre, et l'éloignent des innovations précipitées ou mal-entendues auxquelles on se laisse facilement entraîner quand on ne voit pas clairement la raison de ce qui existe.

297. La seconde partie des écritures agricoles est la *comptabilité annuelle*, qui comprend les journaux et le *grand-livre*.

Il est bon que chaque commis ou sous-régisseur ait son journal particulier pour y inscrire les opérations dont il est chargé. — Les divisions les plus essentielles sont les suivantes.

298. On porte immédiatement au *journal de caisse*, à mesure qu'elles se présentent, toutes les recettes et dépenses en argent, avec renvoi, même pour les plus petits articles, aux numéros des pièces justificatives. Ce journal doit nécessairement être tenu par le caissier.

299. Le *journal des produits naturels* se divise également en recette et dépense, et on ne peut le tenir plus commodément que sous forme de tableaux. Les articles dépensés (froment, seigle, orge, avoine, pois, millet, foin, pommes de terre,

raves, etc.) sont disposés en colonnes verticales; et les branches consommatrices (ménage, députatistes (25), chevaux, bœufs, vaches, bêtes à laine, porcs, vente, etc.), en colonnes horizontales. Pour la recette, c'est-à-dire pour l'entrée dans les greniers ou magasins, les matières sont de même placées dans des colonnes verticales, et leur origine ou provenance est indiquée dans des colones horizontales. A la fin de chaque mois, on additionne par colonnes verticales et par colonnes horizontales, on soustrait les totaux des colonnes verticales de dépense de ceux des colonnes correspondantes de recette, et la balance indique la position actuelle.

Le journal des produits naturels a pour auxiliaire un registre spécial de récoltes, de grange et de battage.

300. Dans le *journal du bétail,* on indique l'entrée et la sortie des animaux domestiques, puis les fourrages et les pâturages employés à leur nourriture. La partie de leur alimentation qui sort des magasins, quoique déjà portée au journal des produits naturels, peut être contre-notée dans le journal du bétail.

La laiterie exige un journal spécial tenu, autant que possible sous forme de tableaux, par la personne chargée de surveiller cette branche de l'exploitation. On en trouvera un modèle dans les *Principes raisonnés d'Agriculture,* t. I, § 237.

La sortie du fumier peut être notée dans le journal du bétail ou dans celui des produits naturels.

Les autres produits du bétail sont indiqués dans les autres journaux.

Le journal des produits naturels et celui du bétail sont ordinairement tenus par le même commis.

301. Le *journal du travail*, où doivent être notés tous les travaux d'hommes et d'animaux, avec indication de l'espèce, du lieu et du temps, manque dans la plupart des exploitations, ou y est tenu d'une manière très-imparfaite, bien qu'il soit de la plus haute importance comme facilitant la revue et le contrôle des travaux, revue et contrôle sans lesquels le bon emploi des forces devient impossible. L'attention éveillée et entretenue par l'habitude de tenir ce journal, permettra de le rédiger sans peine sous forme de tableaux, dont nous avons donné un modèle dans les *Principes raisonnés d'Agriculture*, t. I, § 245.

302. Un *journal d'observations* relatives à l'influence de la température sur la végétation et sur le produit, ou à d'autres circonstances pratiques et locales, serait un recueil de documents intéressants pour l'avenir : il conviendrait d'en réunir les résultats principaux à la chronique du livre foncier.

303. La tenue des journaux, une fois organisée, ne présente aucune difficulté. L'attention des commis est entretenue par la nécessité d'inscrire brièvement chaque soir tout ce qui s'est passé dans le cercle de leurs fonctions, d'après des notes écrites

au crayon dans un carnet pendant le cours de leurs occupations journalières. Le directeur doit exiger que ces insertions aient lieu exactement tous les jours à une heure fixe, la négligence pouvant occasioner des lacunes difficiles à combler, et qui jetteraient le désordre dans la comptabilité.

304. La tenue du *grand-livre* est proprement l'affaire du directeur; et lors même qu'il aurait un teneur de livres, celui-ci ne doit être chargé que de l'inscription et des calculs, d'après les indications du directeur: car cette partie de la comptabilité offre un tableau net et précis de la position agricole, et indique d'une manière implicite les perfectionnements que cette position peut admettre.

Quoique les journaux arrêtés à la fin de chaque mois fournissent les données pour la composition du grand-livre, il reste toujours quelques informations à recueillir auprès des commis, qui, pour cette raison, devront se trouver tous à la portée du directeur le premier dimanche de chaque mois.

305. Des divers modes proposés ou adoptés pour la disposition et la forme du grand-livre, les uns, qui présentent avec lucidité le résultat général et celui de chaque partie, exigent trop de temps et de volumes; les autres, moins détaillés, sont incomplets, et manquent le but de la comptabilité, puisqu'ils n'offrent pas clairement le bénéfice et la perte de chaque branche.

306. La *tenue des livres en partie double* suivant la méthode commerciale, avec les modifications nécessitées par la différence de l'objet et du but, mérite incontestablement la préférence; et tous ceux qui, ayant saisi l'esprit et le sens de cette comptabilité, ont su l'approprier à leur position, se promettent de n'y renoncer qu'en abandonnant l'agriculture. Elle montre d'une manière si claire et si précise l'action réciproque des parties et l'influence de chacune d'elles sur l'ensemble, elle rend si palpables les vices de l'organisation et les défauts de proportion, elle maintient l'attention dans une activité si continue, elle indique si nettement les remèdes à employer, que toute méprise, toute erreur durable, devient impossible. La moindre négligence, la moindre faute dans l'emploi des forces, la moindre transgression de la loi d'une véritable économie, se trahit d'elle-même. D'un autre côté, l'effet d'un emploi convenable ne peut échapper aux yeux, et l'avarice est réduite au silence.

Il est presque impossible d'être mauvais agriculteur quand on tient des livres en partie double: car on ne peut ignorer le résultat de ses erreurs. Celui qui ne veut pas corriger les vices de sa pratique, abandonne cette comptabilité avant d'arriver à la balance définitive. On ne s'en impose pas long-temps à soi-même ou aux autres: le grand-livre tenu en partie double est le plus infaillible, et peut-être l'unique moyen de contrôler la direction d'une ferme. On trouverait dans le grand-livre, sinon des preuves légales, au moins des présomptions graves, pour découvrir les falsifica-

tions commises par un administrateur contre les
intérêts du propriétaire. L'habile et honnête administrateur puisera dans ce même livre les moyens
de détruire péremptoirement les préventions qui
s'élèveraient contre lui.

La tenue des livres en partie double exige moins
d'écritures que toute autre comptabilité quelque
peu satisfaisante. C'est le contraire sous le rapport
des calculs ; mais les solutions immédiatement
données par ces calculs en font pour l'agriculteur industrieux une occupation aussi intéressante
qu'instructive.

307. Cette comptabilité doit sans doute son origine à la nécessité, pour le négociant, de connaître, par des comptes, sa position envers ses
correspondants. Deux pages placées en regard furent destinées à chacun de ces comptes : l'une,
renfermant les articles fournis au correspondant,
fut appelée la *page du débit*, ou simplement le *débit* ou le *doit*; l'autre, indiquant les valeurs reçues
du correspondant, prit le nom de *page du crédit,
crédit*, ou *avoir*. Dans la suite, on personnifia les
diverses branches d'une entreprise commerciale,
et on leur appliqua le même procédé, en portant
à leur débit les frais qu'elles avaient occasionés,
et à leur crédit les produits qu'elles avaient donnés.

L'expression *partie double* vient de ce que chaque article est porté à deux comptes différents,
les valeurs reçues par une branche étant nécessairement fournies par une autre, et réciproquement.
La clarté et l'exactitude sont garanties par l'indi-

cation, dans le libellé, de la branche correspondante au compte de laquelle on trouvera la contre-note. Il suit de là que la somme de tous les *débits* et celle de tous les *crédits* doivent se balancer.

308. Voilà tout ce que l'agriculture emprunte à la comptabilité en partie double du commerce. Nos livres n'ont pas pour but, comme ceux des négociants, d'offrir, pour résultat définitif, l'état actuel de notre fortune, mais seulement de nous faire connaître le produit annuel tel qu'il a été fourni par les diverses branches de l'exploitation.

309. On ouvre donc, comme no us l'avons dit, un *compte* à chaque branche que l'on veut considérer isolément, et à toute personne réelle ou fictive en relation d'intérêts avec la ferme. Le nombre des branches et la plus ou moins grande complication qui en résulte, dépendent des vues personnelles et des circonstances. On ne peut donc indiquer d'une manière générale les divers comptes particuliers que doit renfermer le grand-livre : c'est à l'agriculteur à juger quelles sont les parties dont la comptabilité spéciale offrirait assez d'avantages pour compenser une légère augmentation d'écritures. Nous ne signalerons que les comptes qui ont presque généralement beaucoup d'importance dans une grande exploitation.

310. Observons d'abord que, pour comparer la valeur des choses produites ou consommées par les diverses branches de l'exploitation, il faut adopter pour toutes ces choses une mesure com-

mune, qui, dans ce cas, ne peut être que la monnaie. La valeur de toutes ces choses doit donc être réduite en monnaie, lors même qu'elles n'occasionent pour le moment ni recette ni dépense en espèces. On peut prendre pour base le prix moyen de l'année sur le marché habituel, ou celui d'une plus longue période, après déduction des frais de transport et de vente. Dans le premier cas, le prix moyen de l'année restant inconnu jusqu'à la clôture du compte, on ne pourra d'abord indiquer au grand-livre que la quantité des objets, et il faudra laisser en blanc la colonne des sommes. L'évaluation d'après le prix moyen de plusieurs années écoulées, évaluation qui conviendrait peut-être pour les articles dont la vente ne devrait avoir lieu dans aucune circonstance, permet d'indiquer en même temps le prix et la quantité. Il est des objets qui, dans la situation actuelle des choses, n'ont aucune valeur vénale : ils sont estimés suivant leur prix de revient ou leur prix d'emploi, fixé après une expérience suffisante et avec l'attention nécessaire. Le choix du mode d'évaluation est sans influence sur le résultat général, mais il peut produire une différence dans celui des parties : ce choix dépend des vues de l'agriculteur, qui pourra facilement changer le mode adopté.

Les comptes les plus *essentiels* et les plus *ordinaires* sont les suivants.

311. *Compte de caisse.* — On porte au débit de ce compte toutes les recettes en espèces, et à son crédit toutes les dépenses de la même nature. On

extrait les unes et les autres du journal de caisse, en réunissant les articles qui appartiennent à la même branche. Ce compte ne peut garder aucun excédant, puisque le reste en caisse est remis et imputé au propriétaire ou au compte de l'année suivante.

312. *Compte de caisse du propriétaire.* — Le débit se compose des sommes prises dans la caisse par le propriétaire pour être employées hors de l'exploitation, et le crédit comprend les sommes qu'il a apportées dans cette même caisse. Ici le propriétaire est considéré comme une personne étrangère, et il ne confond pas avec l'exploitation les autres parties de sa fortune, de ses recettes et de ses dépenses.

313. *Compte de produits naturels du propriétaire.* — Si le propriétaire dirige lui-même l'exploitation avec ses employés, s'il vit aussi modestement qu'un fermier ou qu'un régisseur, la ferme doit lui fournir les denrées nécessaires pour son ménage. Mais s'il vit sur un ton plus élevé, avec la rente du domaine ou avec d'autres revenus, s'il reçoit souvent des étrangers, s'il tient des employés et des domestiques qui ne participent pas aux travaux de l'exploitation, il doit compte à la ferme des denrées qu'elle lui fournit pour ces divers objets : autrement, il ne pourrait connaître le véritable produit de l'exploitation. Il est bon que le propriétaire donne des récépissés de toutes les fournitures faites à sa maison par la ferme, pour assurer le maintien de l'ordre dans la comp-

tabilité entre lui et celle-ci, et pour faciliter la
fixation des prix.

314. *Compte de frais généraux.* — On porte au
débit de ce compte les contributions ordinaires
publiques et communales (il est bon d'établir un
compte particulier pour les impôts extraordinaires), les frais d'assurance contre l'incendie, les
traitements et l'entretien des employés généraux,
les travaux et les dépenses qui ne peuvent être
placés sous une rubrique spéciale, l'entretien des
chevaux de selle, etc. Les réparations des bâtiments peuvent être réunies à ce compte, ou faire
l'objet d'un compte à part. Le crédit comprend les
recettes générales de rentes, de cens, de location,
etc. Le débit de ce compte peut être divisé en
deux colonnes dont l'une serait destinée aux contributions publiques.

315. *Compte de consommation.* — Il comprend
les vivres, les meubles, la literie, le linge, le combustible, l'éclairage, et toutes les menues dépenses faites pour le personnel de l'exploitation. Ensuite le total est divisé entre les consommateurs
dans une proportion établie d'après un mûr examen des circonstances, et la part imputée à chacun
d'eux est portée au compte de la branche ou des
branches dont il s'occupe. Cette division annulle
ordinairement le compte de consommation, en
faisant passer tous les articles qui le composent
aux comptes des frais généraux, des chevaux, des
bœufs, des vaches, etc.

316. *Compte des chevaux.* — Il est débité de la valeur des chevaux au commencement de l'année, du prix des chevaux nouvellement achetés, de la nourriture, de la ferrure, des émoluments du vétérinaire, des frais de médicaments, du salaire et de l'entretien des domestiques ou des journaliers qui conduisent ces animaux, enfin de la partie du compte d'instruments aratoires qui concerne les chevaux. On porte au crédit toutes les journées de travail fournies par les chevaux, et on les impute à chacune des branches qui en ont profité; on crédite encore ce compte du prix des chevaux vendus, et enfin de la valeur des chevaux à la fin de l'année. Quand on connaît le total de ce que les chevaux ont coûté pendant le cours de l'année, on divise ce total par celui des jours de travail, pour trouver le prix de la journée, et le faire servir de base à l'estimation en argent de chaque article. Comme on néglige les fractions minimes dans la fixation du prix de la journée, il en résulte quelquefois une petite perte ou un petit excédant. On ne peut ordinairement mieux faire, en commençant, que de suivre cette méthode; mais quand on pourra prendre la moyenne des frais et du travail des chevaux sur plusieurs années, on fera peut-être aussi bien de calculer d'après cette moyenne le prix de la journée de travail d'un cheval. Établi de cette manière, le compte des chevaux présentera tantôt une petite perte, tantôt un petit bénéfice, dont il faudra chercher la cause dans la dépense plus ou moins considérable occasionée par l'entretien de ces animaux, ou dans la plus ou moins grande quantité de travail qu'ils ont fournie pendant le cours de l'année : cette recherche procurera souvent des indices utiles pour l'avenir. On pourra aussi admettre plusieurs prix si l'on reconnaît une grande différence de valeur entre les diverses espèces de travaux.

317. *Compte des bœufs de trait.* — Il s'établit de la même manière que le précédent. Si le travail se fait à rechange, il est clair que celui de deux bœufs ne doit être compté que pour une journée. Suivant ma méthode, le pâturage et la nourriture en vert sont calculés par jour.

318. *Compte d'instruments.* — Il est débité de la valeur des instruments, du bois de service, du fer, etc., au commencement de l'année, puis des nouvelles dépenses pour achat ou fabrication d'instruments et de harnais. Il est crédité de la valeur totale des instruments à la clôture du compte annuel. Ce qui reste à sa charge est imputé pour la plus grande partie, et dans des proportions établies avec toute l'exactitude possible, aux comptes des chevaux et des bœufs, pour faciliter la fixation des frais du travail exécuté par ces animaux.

319. Les *comptes de culture des plantes* peuvent être établis d'après les différentes espèces de végétaux cultivés, ou d'après la division agronomique du domaine.

La première méthode est la plus facile, et même la seule possible dans les fermes où le morcellement des terres ne permet pas de séparer la récolte de chaque pièce. On donne alors un compte particulier à chaque plante. La surface qu'elle occupe doit être précisée. On porte au débit de cette plante ses frais de culture, d'ensemencement et de fumure. Mais, l'année de comptabilité finissant ordinairement en juin, la culture et la récolte n'ont pas lieu dans le cours du même exercice. Il faut donc, pour que les frais et le produit se trouvent en regard, imputer sommairement la culture à l'année suivante, et y ajouter les frais postérieurs jusqu'à la récolte inclusivement. Chaque plante est créditée de son produit calculé de la manière indiquée plus bas. Mais la valeur considérable d'une fumure récente ne peut rester entièrement à la charge de la première récolte : on créditera celle-ci d'une partie de cet engrais fixée d'après des proportions basées sur l'expérience, et on débitera de cette même partie la récolte suivante qui doit en profiter. L'excédant du produit brut sur les dépenses constitue le produit net.

320. Quand les divisions agronomiques du domaine sont mieux déterminées, et qu'il est possible d'en séparer les récoltes, il est préférable de donner à chaque sole un compte particulier. La manière de procéder est absolument la même : seulement, l'exécution est un peu plus compliquée pour les soles où l'on cultive plusieurs plantes dont on veut fixer la part précise dans les dépenses. On peut approcher plus ou moins de cette précision. La comptabilité par soles l'emporte de beaucoup sur la méthode précédente quand il s'agit d'apprécier le résultat d'un système de cul-

ture, de fumure et d'assolement, suivi pendant un certain nombre d'années. Le pâturage doit, comme les autres produits, être porté au crédit de la sole qui le fournit.

321. Quand on le juge nécessaire, on établit, de la manière la mieux appropriée aux besoins, des comptes spéciaux pour les prairies naturelles, les prairies artificielles permanentes, les jardins, etc.

322. Tout produit conservé séparément dans les magasins ou les greniers, a aussi son compte particulier.

J'ai cru devoir donner au *grenier* un compte *général* débité de tous les frais, travaux et pertes occasionés par la conservation, le transport et la vente, le calcul en étant trop difficile pour chaque espèce de grains, qui, du reste, pourra être chargée d'une part de ces frais proportionnée à sa valeur.

Viennent ensuite les comptes de *chaque espèce de grains*. On débite ces comptes du grain battu et emmagasiné, et, suivant ma méthode, on en crédite la sole qui l'a produit (320). L'évaluation peut avoir pour base le prix moyen de l'année convenablement réduit, et alors elle ne peut être faite qu'à la clôture du compte. Je me suis décidé, d'après des considérations individuelles, à adopter un prix constant.

Les grains sortis des greniers composent le crédit de ces comptes. Pour ceux qui ont été vendus, on admet le prix réel de vente. Pour les grains consommés dans la ferme, on adopte le prix porté au débit du même compte, en l'augmentant, si l'on veut, de 3 à 4 pour 100 à cause de la perte. Si l'on a pris pour le doit un prix constant et peu élevé, ces comptes présenteront ordinairement, au moyen de la supériorité du prix de vente, un excédant plus que suffisant pour couvrir le débit du compte général de grenier. Si l'on a basé l'évaluation au débit sur le prix moyen de l'année, la balance dépendra des moments plus ou moins favorables choisis pour les ventes. Je préfère le prix constant, comme permettant d'apprécier le produit indépendamment des conjonctures commerciales, et d'attribuer à ces dernières l'augmentation ou la diminution du produit en argent.

323. On suit la même méthode pour les *comptes de magasin* des autres produits.

La valeur vénale de ces produits ne pouvant être fixée avec certitude, je porte au crédit du champ et au débit du magasin un prix qui représente les frais de production et un juste bénéfice, 1 fr., par exemple, pour l'hectolitre de pommes de terre. Mais pour couvrir les frais de conservation et la perte, qui tombent à la charge du compte de magasin, on portera à 1 fr. 25 c. les pommes de terre consommées, à 1 fr. 50 c. celles qui sont livrées à la fabrication, et au prix de vente celles qui sont vendues. Ce compte de magasin doit donc présenter ordinairement un excédant considérable.

Le prix de sortie du quintal métrique de foin doit dépasser d'environ 25 centimes le prix d'entrée, pour couvrir les frais d'emmagasinage et de bottelage. Si on pesait le foin à l'entrée, cette augmentation serait insuffisante, à cause du déchet en poids. Mais les voitures de foin emmagasiné sont d'abord proportionnellement évaluées à l'œil, et la quantité réelle fournie par chaque partie du domaine n'est connue qu'au moyen du pesage opéré à la sortie. Le foin vendu est porté au prix de vente, et le foin consommé est estimé suivant sa qualité.

324. *Compte de la paille.* — Comme il est rarement possible de peser la paille, on évalue le poids de cette matière d'après la proportion de la paille au grain, calculée tous les ans pour chaque espèce de céréales, ou bien d'après le nombre des gerbes si l'on connaît approximativement le poids de la paille qu'elles contiennent. Pour l'évaluation en argent, on admet le prix moyen auquel, dans la contrée, il est facile de vendre ou d'acheter cette denrée dans les années ordinaires : car, la paille n'étant pas ordinairement un objet de commerce pour le bon agriculteur, il ne peut avoir égard au prix de l'année actuelle. Je porte à 16 f. 50 c., au crédit du champ et au débit du fumier, le millier métrique de paille, vu qu'on peut souvent l'acheter à ce prix sur les bords de l'Oder.

325. *Compte du fumier.* — D'après le principe que la valeur du fumier balance celle de la paille quand la litière n'est ni excessive ni insuffisante, je débite le fumier de toute la paille consommée à l'étable, et des frais d'extraction, de manipulation et d'arrosage. Le transport sur les champs est à la charge de la culture. Je crédite le fumier du nombre de voitures moyennes (194) fournies et imputées à chaque division agronomique. Je divise la somme du débit par le nombre de voitures portées au crédit, et le quotient donne le prix de la voiture, qui me revient à 2 fr. 50 c. Si l'on veut avoir égard à la valeur d'emploi, qui est beaucoup plus considérable, il faut estimer la paille plus haut, ou créditer le bétail de l'excédant de la valeur d'emploi sur le prix de revient. Il serait sans doute plus juste et plus utile d'imputer à chaque espèce de bétail la quantité de paille et de balle consommée par elle, et de créditer cette même espèce du fumier qu'elle a fourni ; mais il est bien peu de fermes dont l'organisation permette de faire ces calculs avec une certaine exactitude.

326. Les *comptes des animaux entretenus pour leur produit* sont débités de la valeur estimative de ces animaux au commencement de l'année, des acquisitions nouvelles, de la nourriture, et des autres frais qu'ils occasionent. Le pâturage et le fourrage donné en vert à l'étable ne pouvant être pesés, je les évalue par tête et par jour, et j'en crédite, d'après cette base, la sole qui les a fournis. On porte au crédit de ce compte d'animaux la somme de leurs produits, dont le mode d'évaluation est déterminé suivant les circonstances. Dans ma comptabilité, on réunit les produits du bétail logé et nourri ensemble. Si, par exemple, des bœufs à l'engrais sont placés avec les va-

ches, le compte de ces dernières est crédité de
la valeur de ces bœufs à leur sortie, comme il
en a été débité à leur entrée. Il est également
crédité de la valeur des veaux qui sortent de l'é-
table. On pourrait bien séparer les produits, mais
la séparation des frais est rarement possible. (Chez
moi, le compte de la vacherie comprend la laiterie.) Enfin, on porte encore au crédit la valeur estimative du bétail à la fin de l'exercice. Les comptes
ordinairement établis pour le bétail dont nous
nous occupons, sont ceux de la *vacherie*, de l'*engrais*, de la *bergerie*, de la *porcherie*, et de la
basse-cour.

327. *Compte d'améliorations.* — Il comprend
les frais et les travaux dont le recouvrement ne
peut être opéré en un petit nombre d'années, mais
qui accroissent la valeur du capital foncier, et
dont la somme est reportée au compte de capital.
Le compte d'une nouvelle construction fait partie
du compte d'améliorations : car, lors même que
les espèces dépensées par le propriétaire pour cette
construction ne seraient pas puisées dans la caisse
de l'exploitation, la ferme ferait au moins pour
cet objet des fournitures en attelages, en main-
d'œuvre, et le plus souvent aussi en matériaux.

328. *Compte extraordinaire.* — On est quelquefois obligé de l'établir quand il arrive des ac-
cidents qui ne peuvent rester à la charge de
l'exploitation. Tels sont les frais de guerre, les
contributions extraordinaires, qui, en général, ne
seraient pas supportés par le fermier. Telles se-

raient encore les pertes considérables résultant
d'une épizootie, d'un incendie, de la grêle, qui
excèdent les forces *d'une seule* année, et pour lesquelles le fermier obtiendrait le plus souvent une
réduction. Tous ces articles sont mis au débit du
compte extraordinaire, et reportés au compte de
capital. Les recettes extraordinaires sont rares,
et généralement peu importantes.

329. Un *compte de liquidation* avec l'année précédente et avec l'année suivante est absolument
indispensable si l'on veut mettre à jour le produit
total et celui de chaque branche pour l'année actuelle.

Outre les espèces en caisse, on porte au crédit
de l'année *précédente* et au débit des branches
correspondantes de l'année courante les denrées
en magasin, les bestiaux, les instruments et la
culture qu'elle fournit à l'exercice actuel, estimés
d'après l'évaluation sommaire ou le prix de revient
de chaque article.

Ce compte ne pourrait avoir un débit que dans
le cas où l'année précédente laisserait des reli-
quats à la charge de l'année courante.

On porte au débit de l'année *suivante* ce qu'elle
reçoit de l'année courante. Ce compte doit présenter la même exactitude que si on l'établissait
pour une remise formelle de l'exploitation.

Il est clair que la somme totale portée au *débit*
dans le *compte de l'année suivante* établi pour un
exercice quelconque, doit passer sans aucune modification au *crédit* du *compte de l'année précé-*

dente établi pour l'exercice immédiatement pos-
térieur.

330. Enfin, si le possesseur d'un domaine veut
séparer de la rente de sa propriété le produit net
ou la perte de l'exploitation, il fait dresser un
compte de capital. La valeur du domaine, y compris ou non celle du mobilier (69), est fixée quand
on commence d'exploiter les terres et de tenir des
livres en partie double. Cette valeur doit produire
une rente, abstraction faite de l'exploitation personnelle. Mais la rente du domaine doit être évaluée au taux le plus bas qu'on puisse retirer d'un
capital placé avec toutes les garanties désirables.
Le prix de fermage serait une base trop élevée ;
car il est calculé de manière à couvrir les chances
de détérioration. Les intérêts du domaine sont
portés au crédit du compte de capital, et ensuite
contre-notés en somme au compte de frais généraux, ou répartis entre les divisions superficielles
et les articles du mobilier suivant la valeur proportionnelle de ces divisions et de ces articles, fixée
avec toute l'exactitude possible.

Ce compte *doit* les dépenses indiquées aux
n°s 327 et 328.

Mais si le capital est débité des sommes dépensées en améliorations, il est crédité de leur intérêt
envers l'exploitation, et *il* est juste de calculer cet
intérêt à 1 pour 100 plus haut que celui du capital foncier, pour compenser jusqu'à un certain
point l'avantage réel ordinairement procuré par les
améliorations.

Parmi les différentes vues qui peuvent servir

de base à ce compte, il faut préciser celle que l'on adopte, afin de pouvoir bien distinguer dans le revenu total la part de l'exploitation et celle du domaine.

Les améliorations qui résultent successivement de l'exploitation même, telles que l'accroissement de l'énergie productive du sol, l'augmentation de valeur du mobilier, qui sont dues par l'année suivante aux années précédentes, ne peuvent être appréciées qu'au bout d'une certaine période, et doivent, en attendant, passer d'un exercice à l'autre, et ensuite se réunir au capital, avec mention de la période qui les a produites.

331. L'inscription de chaque article au débit d'un compte et au crédit d'un autre compte, a pour conséquence une égalité parfaite entre la somme des débits et celle des crédits, s'il n'y a pas d'erreur dans les écritures. Mais la réunion ou la division de certains articles dans le transport, peut facilement occasioner des inexactitudes toujours désagréables. Toutefois, le directeur d'exploitation ne doit pas, comme le teneur de livres d'un négociant, perdre un temps considérable pour corriger une erreur de quelques centimes ou pour éviter une rature. Si la différence n'est pas importante, on la porte au compte de frais généraux, avec l'indication *pour erreur de calcul.* — Cette observation est adressée aux agriculteurs qui renoncent à la comptabilité en partie double parce qu'ils désespèrent de pouvoir tenir leur grand-livre avec l'exactitude et la propreté exigées dans le commerce.

332. La somme de tous les débits étant égale à celle de tous les crédits, il s'ensuit naturellement que la somme des pertes de tous les comptes est pareillement égale à celle de leurs bénéfices. Mais le profit annuel de l'exploitation résulte de la balance des débits et des crédits des comptes *du propriétaire, de l'année précédente, de l'année suivante, et du capital.*

EXEMPLE.

	DOIT.	AVOIR.
Compte de caisse du propriétaire.	12,180 f.	900 f.
Compte de produits naturels du propriétaire.	3,660	150
Compte de l'année précédente	90	28,320
Compte de l'année suivante. .	30,750	»
Compte de capital.	1,980	9,750
	48,660	39,120
	39,120	

Ainsi le bénéfice de l'exploitation est de. . . . . 9,540 et la rente du domaine n'est pas comprise dans ce bénéfice.

333. En cherchant à simplifier de plus en plus cette méthode sans m'écarter du but de la comptabilité, j'ai fait chaque année de nouveaux progrès sous ce rapport, et l'on peut s'en convaincre en comparant cet exposé à celui que j'avais donné précédemment. Tout agriculteur éprouvera la même chose dans l'application. Du reste, la différence des positions et des vues ne permet pas d'offrir un guide pour tous les cas : chacun devra approprier

le système à ses besoins, en lui faisant subir les modifications nécessaires. Plusieurs directeurs, après avoir étudié pratiquement cette tenue de livres, après en avoir bien saisi l'esprit et le but, adopteront des comptes que je n'ai pas indiqués.

334. Les opinions sont divisées relativement à la fixation du moment le plus convenable pour l'*ouverture* et la *clôture* de l'*année* ou de l'*exercice*. On est souvent obligé de se régler d'après l'habitude du pays, et principalement d'après le terme établi par l'usage pour l'entrée en jouissance. Au commencement de l'année civile, il serait impossible de dresser un inventaire exact. Chaque saison a ses inconvénients, parce que l'exploitation est un cercle qui n'a ni commencement ni fin. Toutefois, les premiers jours de juin ou de juillet semblent mériter la préférence, parce qu'alors le battage est ordinairement terminé, le produit de l'année à clore peut être calculé, la culture pour l'année suivante est à peu près achevée, l'inventaire est facile à dresser, et enfin le personnel de l'exploitation a plus de loisir qu'à toute autre époque.

335. On donne ordinairement le nom d'*états* aux supputations et aux plans sur la recette et la dépense en denrées et en argent pendant le cours de l'année suivante. Ils ont généralement pour but principal de pourvoir la caisse de telle ou telle somme à des époques déterminées. Pour assurer autant que possible la réalisation de ces plans, qui n'ont pour base que des probabilités, il faut bien

se garder d'admettre des évaluations trop élevées. Mais souvent, par suite de cette précaution, un agriculteur se contente de résultats inférieurs à ceux qu'il aurait pu obtenir, et alors ces plans sont plus nuisibles qu'utiles. Il est pourtant des circonstances qui les rendent indispensables.

336. On distingue l'*état de denrées* et l'*état de caisse*.

L'état de denrées comprend d'abord la supputation des produits qu'on peut attendre des champs, des prés, du bétail, etc., d'après l'apparence actuelle ;

Ensuite le calcul des travaux, et du nombre de domestiques, de journaliers et de bêtes de trait nécessaires pour les exécuter.

On calcule d'après cette base la consommation des hommes et des animaux.

Pour ces derniers, la distribution des fourrages à récolter se calcule d'après l'espèce de bétail et d'après les saisons de l'année.

L'excédant des produits sur la consommation indique la quantité de chaque denrée qui pourra être vendue.

337. L'état de caisse présente l'évaluation approximative des dépenses à faire en argent comptant pour denrées à consommer, meubles et instruments, réparations, acquisitions, salaires, etc. ;

Et celle des sommes qui doivent entrer dans la caisse par suite de ventes ou autrement.

Il faut, dans la composition de cet état, avoir égard aux époques des dépenses et des recettes.

afin de ne jamais laisser la caisse au dépourvu, et de pouvoir fixer les termes où elle renfermera des sommes disponibles.

338. L'état de caisse est sujet à de fréquentes modifications, que cependant il ne doit jamais subir sans nécessité et sans fondement. S'il résulte d'une convention entre le propriétaire et l'administrateur, celui-ci ne doit pas s'en écarter sans le consentement du premier.

Quand il a pour but principal de fixer d'avance les sommes qui doivent se trouver en caisse à des époques déterminées, les recettes réalisées peuvent être au-dessous des prévisions, par suite d'une baisse extraordinaire dans le prix des denrées à vendre, ou par plusieurs autres causes ; et alors, si les ressources pécuniaires prévues ne dépassaient pas les besoins également prévus, on est obligé de restreindre les travaux, réparations, améliorations et acquisitions, ce qui, nécessairement, dérange tous les plans, et offre de grands inconvénients pour l'exploitation et pour le domaine. Si le propriétaire est assez riche pour faire face dans tous les cas, malgré la casualité des recettes, aux dépenses projetées, la réalisation des plans sera mieux assurée, et les bénéfices seront toujours plus considérables dans la suite.

339. Il est surtout indispensable de dresser des devis exacts pour les entreprises considérables, telles que les constructions, et de ne s'en écarter en rien : car, si la dépense excède les prévisions, elle peut absorber entièrement la rente du do-

maine et les bénéfices de l'exploitation. Aussi voit-on bien des granges vides précisément parce que leur construction a coûté trop cher.

340. La direction d'une exploitation exige, outre l'intelligence, un caractère ferme, qui unit le calme de l'esprit à l'amour de l'ordre, à l'activité, à la résolution. Une humeur inquiète et hypochondriaque ne convient pas pour l'agriculture, profession plus chanceuse à certains égards que la plupart des autres industries. Quand on a fait ce que l'on pouvait faire, il faut compter sur l'aide de la Providence, qui peut tarder, mais qui ne manque jamais. Le mauvais temps ne doit pas décourager le bon agriculteur ; la langueur générale des plantes n'aura pas, sur les terres bien cultivées, un résultat aussi funeste qu'il pourrait se l'imaginer ; une température plus favorable aura bientôt réparé tout le mal ; et souvent même l'arrêt momentané d'une végétation luxuriante peut être regardé comme un bien. Je ne me rappelle pas une seule année, quelque favorable qu'en fût la température, où certains agriculteurs n'aient pris le deuil dans une saison où dans une autre ; et si l'on s'en rapportait aux journaux, on pourrait croire la stérilité perpétuelle. Sans doute, il y a de mauvaises années ; quelques espèces de terres, quelques contrées, éprouvent des diminutions de récoltes qui ne sont pas compensées par la hausse des prix ; mais alors l'énergie productive reste dans le sol, et se retrouvera l'année suivante.

INDUSTRIES ACCESSOIRES.

341. Toutes les industries qui manipulent en grand les produits agricoles pour en augmenter la valeur, en faciliter le transport et la conservation, appartiennent naturellement à la campagne, surtout quand les débris des matières premières offrent des ressources qui conviennent spécialement à l'agriculteur, et lui permettent de donner plus d'essor à son exploitation. Telles sont la *brasserie*, la *distillerie*, la *vinaigrerie*, l'*amidonnerie*, la fabrication du *sucre de betterave* ou *de fécule*, celle de la *potasse* ; et dans certains cas la *tuilerie*, la *poterie*, le *chaufour*, le *moulin*, et l'*huilerie*. On peut donc s'étonner que les plus importantes de ces industries, malgré la liberté assez grande dont elles jouissaient, aient été exercées jusqu'à présent avec plus d'activité à la ville qu'à la campagne ; que les villages aient tiré des villes plus de bière, d'eau-de-vie, de vinaigre, etc., qu'ils ne leur en ont fourni ; et qu'enfin la supériorité et le bon marché des produits de la ville n'ait pas permis aux fabriques rurales de soutenir la concurrence. Mais cette contradiction apparente n'est pas inexplicable : les brasseurs et les distillateurs de la ville ont concentré leur activité et leurs capitaux dans une seule industrie ; et une attention moins partagée leur a fait acquérir une connaissance plus parfaite de l'objet dont ils s'occupaient. Soupçonnant que ces fabrications offraient des avantages auxquels le public n'était pas initié, les

citadins n'épargnèrent ni peine ni dépense pour découvrir ces secrets, dont plusieurs étaient absurdes, mais dont quelques-uns conduisaient au but ; ils inventèrent eux-mêmes de meilleurs procédés ; tandis que les propriétaires fonciers, appuyés sur le droit de banalité (166), n'apportaient pas à l'exercice de ces industries tous les soins qu'elles auraient exigés.

342. Aujourd'hui, l'art, basé sur la science, n'a plus de secrets ; tout homme intelligent peut acquérir facilement les connaissances nécessaires pour bien diriger une entreprise quelconque ; l'esprit industriel fait des progrès dans les campagnes : et, si la marche naturelle des choses n'est pas contrariée par le système fiscal, il devient désormais impossible aux fabricants des villes de continuer la lutte contre les agriculteurs, auxquels l'économie sur le transport des matières premières, l'emploi des marcs pour la nourriture du bétail, et l'augmentation d'engrais résultant de cet emploi, offrent des avantages qui leur assurent la supériorité.

343. L'économie sur le transport et la conservation des matières premières est encore accrue par la substitution des racines aux grains pour la fabrication de l'eau-de-vie, la masse végétale nécessaire pour produire une certaine quantité de ce liquide étant plus considérable en racines qu'en céréales. Déjà dans plusieurs contrées on fabrique la plus grande partie de l'eau-de-vie avec les pommes de terre, et l'on est parvenu à lui donner un

goût et une pureté qui, malgré l'accroissement
prodigieux de la consommation, ne permettent
plus à l'eau-de-vie de céréales de soutenir la concurrence.

544. Toutefois, la transformation de la pomme
de terre en alcohol peut offrir des inconvénients
sous le rapport de la production des engrais. Quand
les grains, au lieu d'être vendus sous leur première forme, étaient imparfaitement distillés après
une fermentation incomplète, le marc fournissait
au bétail une nourriture abondante et substan-
tielle qui augmentait la quantité du fumier. Aujourd'hui, plusieurs agriculteurs vendent leurs
céréales, et cultivent les pommes de terre en grand
pour la fabrication de l'eau-de-vie. Sans doute,
cette racine effrite moins le sol que les céréales
pour la même proportion de parties farineuses ; et
si elle était entièrement consacrée à la nourriture
du bétail, elle rendrait avec usure ce que la terre
lui a prêté ; mais l'épuisement est trop considérable pour être compensé par le résidu de la distillation. Il faut donc considérer qu'au lieu d'*enrichir*
le sol, comme le faisait autrefois la distillation des
grains, surtout lorsqu'elle était imparfaite, celle
des pommes de terre récoltées dans la ferme peut
appauvrir le terrain, *si l'on ne trouve un moyen
de remplacer la substance végétale convertie en
alcohol*. Dans les pays où il y a déjà beaucoup de
concurrence, on peut douter que cette industrie
offre de grands avantages si l'on fait entrer en
ligne de compte la diminution du fumier.

345. Il serait donc à désirer, pour la prospérité générale des grands agriculteurs, que plusieurs espèces de fabrications dont les matières premières seraient fournies par leur exploitation, fussent unies à l'industrie agricole proprement dite, et offrissent de véritables avantages. On peut surtout fonder quelques espérances sur l'emploi de la fécule, de la betterave, et peut-être du maïs, pour la fabrication du sucre.

Ces dernières industries exigent beaucoup de main-d'œuvre; mais elles ne peuvent être exercées que dans une saison où l'agriculteur éprouve le besoin de donner aux ouvriers utilement employés pendant l'été une occupation assez lucrative pour les engager à rester dans la ferme.

Suivant les résultats obtenus dans les fabriques récemment établies et bien dirigées, le prix de revient du sucre de betteraves, en y comprenant un honnête bénéfice industriel, est inférieur au prix vénal le plus bas où puisse jamais descendre sans perte le sucre de cannes des Indes de la même qualité.

346. Il ne faut jamais lier à l'agriculture une industrie accessoire, sans avoir bien examiné jusqu'à quel point la position individuelle permet de les faire marcher ensemble. Une entreprise parasite qui absorberait une partie considérable du travail, de l'attention et des capitaux naturellement destinés à la ferme, et qui épuiserait le sol en lui faisant produire gratuitement les matières premières, pourrait séduire d'abord par ses bénéfices apparents; mais plus tard l'agriculteur aurait long-

temps à gémir de son illusion. L'exemple de quelques propriétaires riches et industrieux qui ont établi et fait rouler avec succès diverses manufactures dans leurs domaines, ne doit être imité que par le petit nombre d'agriculteurs qui disposent des mêmes éléments de prospérité.

Les fabriques les moins convenables pour cet objet sont celles qui, comme le tissage, n'ont de rapport avec l'agriculture qu'en ce qu'elles donnent en hiver une occupation utile aux ouvriers dont on a besoin pour l'été, surtout quand on cultive des plantes commerciales. Les gens accoutumés à travailler à couvert sont de mauvais cultivateurs. La liaison de ces fabriques avec l'exploitation rurale impose à l'agriculteur la direction d'entreprises absolument hétérogènes ; elle l'oblige à entretenir des relations commerciales qui le troublent dans le paisible exercice de ses fonctions essentielles. La plupart de ceux qui s'étaient placés dans une semblable position avec des connaissances manufacturières suffisantes, ont fini par devenir fabricants à la campagne, et ont subordonné la ferme à la manufacture.

347. Diverses espèces d'artisans qui travaillent à leur compte, tels que maçons, charpentiers, menuisiers, tourneurs, charrons, maréchaux, selliers, cordiers, potiers, tonneliers, tisserands et cordonniers, pourraient, s'ils avaient une petite maison avec un jardin, trouver plus d'aisance à la campagne qu'à la ville, tout en travaillant à meilleur marché. Ils participeraient volontiers aux travaux des grandes fermes dans les circonstances

les plus pressantes, et se feraient rarement payer leur salaire en argent. On les voit déjà s'établir dans les maisons rurales vendues par les petits propriétaires qui, après le partage des biens communaux, transportent leur habitation au milieu de leurs lots agrandis par des échanges. Si le système financier n'agit pas dans un sens opposé au principe de la liberté industrielle, il est probable que la disparition complète de la différence qui existe entre les petites villes et les villages viendra augmenter la prospérité générale.

Mais alors il faudrait prendre des mesures pour prévenir l'indigence, qui atteint beaucoup plus souvent les autres professions que l'agriculture. L'établissement proposé d'une assurance des pauvres pour chaque paroisse, se réaliserait plus facilement à la campagne que dans les grandes villes, où l'aumône est une des jouissances du riche.

348. L'*éducation des abeilles* est une industrie accessoire qui convient aux petits cultivateurs. Il n'existe entre elle et l'agriculture proprement dite aucune liaison, aucune réciprocité d'influence. Cette industrie exige de l'intelligence, et de plus un capital suffisant : car, outre ce qui est dans les ruches, il faut une provision considérable de miel ou de substances propres à le remplacer, les abeilles bien nourries pouvant seules assurer un produit important. Le soin du rucher offre une occupation agréable et utile aux habitants de la campagne qui ont beaucoup de loisir.

349. *L'éducation des vers à soie* a échoué en Prusse malgré les encouragements qu'elle avait reçus. Dans d'autres pays, et particulièrement en France, elle a déjà obtenu des succès qui lui promettent un brillant avenir.

ERRATA.

P. 87, note 2 : au lieu de *de détraction*, lisez *d'émigration*.
P. 126, ligne 4 : au lieu de *soles*, lisez *clos*.

TABLE DES MATIÈRES.

	Pag.
Introduction.	1
Travail.	5
Capital.	14
Emploi des capitaux.	25
Prix des produits.	32
Sol.	50
Domaine.	70
Energie productive du sol, et moyens de l'entretenir.	97
Engrais.	102
Bétail.	107
Systèmes d'assolement.	115
Talent.	145
Direction de l'exploitation.	165
Comptabilité.	174
Industries accessoires.	202

TABLE ANALYTIQUE.

Abeilles.............................. n. 348, pag. 207
Affranchissement...................... n. 165, p. 87
Agriculture. Ses avantages............ n. 60, p. 24
Agriculture (chaires d').............. n. 266, p. 156
Agriculture (écoles d')....... n. 258, p. 148; n. 267, p. 157
Agriculture (étude de l'), n. 1-4, p. 1-2; n. 252-276, p. 145-165
Agriculture (but de l').............. n. 4-5, p. 2
Agriculture (sociétés d')............ n. 269, p. 159
Alluvion (terrain d')...... n. 112, p. 55; n. 127-131, p. 64-66
Amélioration (capital d')............ n. 64, p. 27
Améliorations (compte d')............ n. 327, p. 193
Amidonneries........................ n. 344, p. 202
Animaux domestiques............. n. 196-208, p. 107-112
Animaux domestiques (comptes des).... n. 326, p. 192
Apprentis........................... n. 280, p. 167
Apprentissage....................... n. 272, p. 160
Argent.......................... n. 41-48, p. 15-18
Art............................. n. 253-256, p. 145-147
Artisan......................... n. 253, p. 145
Artiste......................... n. 253-256, p. 145-147
Assolements..................... n. 209-251, p. 113-145
Assolements alternes.... n. 211, p. 113; n. 225-249, p. 124-141
Assolements avec jachère et sans jachère....... n. 214, p. 115
Assolement quadriennal.............. n. 222, p. 122
Assolement triennal............. n. 218-224, p. 118-122
Attelages (travaux d')............ n. 28-32, p. 11-13
Avoine (terres à)............... n. 120-122, p. 60-62
Avoir........................... n. 307, p. 181
Baisse (causes de la)............... n. 78, p. 34
Baisse de l'intérêt................. n. 50, p. 19
Baisse des monnaies............. n. 45-48, p. 16-18
Baisse des produits ruraux.......... n. 75-101, p. 32-49
Baisse des salaires............. n. 12-20, p. 4-7
Baisse des terres.................. n. 104, p. 50
Banalité........................... n. 166, p. 87
Bas-fond (terrain de)...... n. 112, p. 55; n. 127-131, p. 64-66
Basse-cour (compte de la).......... n. 326, p. 193
Bâtiments............. n. 68, p. 29; n. 143-144, p. 71-72
Bénéfices, but de l'agriculture.......... n. 4, p. 2
Bénéfice absolu et bénéfice relatif......... n. 40, p. 15
Bénéfice industriel................. n. 74, p. 32
Bergerie (compte de la)............ n. 326, p. 193
Bergerie (droit de)................ n. 174, p. 95
Bétail...................... n. 196-208, p. 107-112
Bétail (inventaire du)............. n. 69, p. 30
Bétail (journal du)................ n. 300, p. 177
Bétail nourri à l'étable. n. 223-224, p. 122-124; n. 247, p. 141
Bêtes à cornes.................. n. 199-201, p. 108-109
Bêtes à laine.................. n. 200, p. 108

Bêtes de trait...........................n. 28-32, p. 11-13
Betteraves (sucre de)...........n. 244, p. 138; n. 345, p. 205
Biens bourgeois ou libres.......................n. 161, p. 83
Biens ecclésiastiques...........n. 154, p. 77; n. 168, p. 88
Biens inféodés ou de paysans...........n. 154-171, p. 77-91
Biens nobles ou seigneuriaux...........n. 154-171, p. 77-91
Bœufs de trait.........................n. 29-31, p. 11-12
Bœufs de trait (compte des).................n. 317, p. 187
Bois (valeur des).............................n. 140, p. 70
Brasseries...................................n. 341, p. 202
Cabaret banal................................n. 166, p. 87
Caisse (compte de)..........................n. 311, p. 183
Caisse (état de)...................n. 337-338, p. 199-200
Caissier....................................n. 281, p. 167
Capital..........................n. 35-74, p. 14-32
Capital d'amélioration........................n. 64, p. 27
Capital circulant..............n. 61, p. 26; n. 72-74, p. 31-32
Capital fixe..................n. 61, p. 26; n. 69-71, p. 30
Capital foncier...........................n. 62-68, p. 26-29
Capital de matériel brut.......................n. 62, p. 26
Capitaux (emploi des)...................n. 57-74, p. 23-32
Carte du domaine............................n. 295, p. 175
Céréales considérées comme monnaie.............n. 16, p. 5
Céréales (prix des)....................n. 80-97, p. 34-47
Chaires d'agriculture.........................n. 266, p. 156
Charrue......................................n. 23, p. 8
Chasse......................................n. 175, p. 96
Chaufour...................................n. 341, p. 202
Chevaux de trait...........n. 28-31, p. 11-12; n. 199, p. 108
Circulant (capital)...........n. 61, p. 26; n. 72-74, p. 31-32
Classification des terres...............n. 102-140, p. 50-70
Classification chimique et physique des terres, n. 107, p. 52
Classification des terres arables...........n. 106-131, p. 54-66
Clos accessoires...........................n. 237, p. 133
Collation...................................n. 157, p. 80
Commis....................................n. 280, p. 166
Commissaires agricoles................n. 274-276, p. 163-165
Communaux (partage des)....................n. 172, p. 92
Compilateurs...............................n. 263, p. 152
Comptabilité.....................n. 293-340, p. 174-201
Comptabilité annuelle................n. 297-340, p. 176-201
Comptabilité permanente................n. 294-296, p. 175
Compte d'améliorations.....................n. 327, p. 193
Comptes des animaux.......................n. 326, p. 192
Compte des bœufs de trait..................n. 317, p. 187
Compte de caisse..........................n. 311, p. 183
Compte de caisse du propriétaire.............n. 312, p. 184
Compte de capital..........................n. 330, p. 195
Compte des chevaux.......................n. 316, p. 186
Compte de consommation...................n. 315, p. 185
Compte de nouvelles constructions............n. 327, p. 193

Comptes de culture.............................n. 319, p. 187
Compte extraordinaire..........................n. 328, p. 193
Compte de frais généraux.......................n. 314, p. 185
Compte du fumier..............................n. 325, p. 191
Compte du grenier.............................n. 322, p. 189
Compte d'instruments..........................n. 318, p. 187
Comptes de liquidation.........................n. 329, p. 194
Comptes de magasin............................n. 323, p. 190
Compte de la paille............................n. 324, p. 191
Comptes des prairies, des jardins, etc..........n. 321, p. 189
Compte de produits naturels du propriétaire.... n. 313, p. 184
Constructions..........................n. 143-144, p. 71-72
Contenances (tableau des).....................n. 295, p. 175
Corvées...........................n. 162-163, p. 84-86
Crédit (en comptabilité)........................n. 307, p. 181
Crédit hypothécaire................n. 52, 54-56, p. 20-23
Crédit personnel........................n. 52-53, p. 20
Débit ou doit.................................n. 307, p. 181
Demande.......................................n. 78, p. 34
Denrées agricoles (prix des)...............n. 75-101, p. 32-49
Denrées (état de)............................n. 336, p. 199
Députatistes (ouvriers).........................n. 25, p. 9
Dîme..........................n. 168-171, p. 88-91
Directeur, direction................n. 277-292, p. 165-173
Discipline....................................n. 284, p. 168
Distilleries, n. 247, p. 143; n. 341, p. 202; n. 343-344, p. 203-204
Division des propriétés, n. 20, p. 7; n. 142, p. 71; n. 146, p. 73
Division du travail..........n. 22-24, p. 7-9; n. 289, p. 172
Domaine.......................n. 141-176, p. 70-97
Domestiques..........n. 25, p. 9; n. 285-286, p. 168-170
Eau-de-vie (inconvénients de l')..........n. 286, p. 170
Eau-de-vie de pommes de terre, n. 248, p. 143; n. 343-344, p. 203-204.
Eaux (utilité des)............................n. 150, p. 76
Ecoles d'agriculture............n. 258, p. 148; n. 267, p. 157
Economie politique............................n. 5, p. 2
Education agricole.....................n. 252-276, p. 145-165
Eléments de production........................n. 6-9, p. 2-3
Emigration (taxe d')..........................n. 165, p. 87
Employés.........................n. 280-284, p. 166-168
Emprunt.............................n. 49-56, p. 19-23
Emprunt hypothécaire................n. 52, 54-56, p. 20-23
Energie productive.....................n. 177-186, 97-102
Engrais...........................n. 187-195, p. 102-107
Engrais (compte de l')........................n. 326, p. 193
Enseignement agricole, n. 1-4, p. 1-2; n. 258, p. 148; n. 267, p. 157.
Etangs (valeur des).........................n. 139, p. 69
Etat de caisse..................n. 337-338, p. 199-200
Etat de denrées.............................n. 336, p. 199
Etats (droit de siéger aux)..................n. 158, p. 81

Exportation.......................... n. 93, p. 43; n. 97, p. 47
Fabriques........................ n. 341-346, p. 202-206
Fécondité........................ n. 177-186, p. 97-102
Fécule (sucre de).............. n. 344, p. 202; n. 345, p. 203
Féodalité........................ n. 153-171, p. 77-91
Fermes expérimentales et fermes-modèles...... n. 267, p. 157
Fermier........................ n. 65, p. 28
Foin............................ n. 133-135, p. 67-68
Fonds de roulement.......... n. 61, p. 26; n. 72-74, p. 31-32
Forêts (valeur des)................ n. 140, p. 70
Fourrages, n. 188-192, p. 103-106; n. 203-206, p. 110-111; n. 208,
     p. 112; n. 210-212, p. 113-114; n. 221, p. 120; n. 223-224, p.
     122-124; n. 126, p. 125; etc.
Frais généraux (compte de)................ n. 314, p. 185
Franchise........................ n. 155, p. 78
Froment (terres à)................ n. 113-116, p. 56-58
Fumier........................ n. 187-195, p. 102-107
Fumier (compte du)................ n. 325, p. 191
Fumure en vert................ n. 182, p. 100
Garance (prix de la)................ n. 98, p. 47
Grand-livre................ n. 304-333, p. 179-198
Grenier (compte du)................ n. 322, p. 189
Harnais.......... n. 69, p. 30; n. 316, p. 186; n. 318, p. 187
Hausse (causes de la)................ n. 78, p. 34
Hausse de l'intérêt................ n. 50, p. 19
Hausse des monnaies................ n. 45-48, p. 16-18
Hausse des produits ruraux................ n. 75-101, p. 32-49
Hausse des salaires................ n. 12-20, p. 4-7
Hausse des terres................ n. 104, p. 50
Huileries................ n. 341, p. 202
Humus................ n. 177-181, p. 97-99
Hypothèque................ n. 52, 54-56, p. 20-23
Importation................ n. 97, p. 47
Industrie agricole (étude de l'), n. 1-3, p. 1-2; n. 252-276, p.
     145-165.
Industries accessoires................ n. 341-349, p. 202-208
Industrie (liberté d')................ n. 59, p. 24
Instituts agricoles................ n. 258, p. 148
Instruments, n. 28, p. 11; n. 33, p. 13; n. 61, p. 26; n. 69, p. 30
Instruments (compte d')................ n. 318, p. 187
Intérêt................ n. 49-51, p. 19-20; n. 81, p. 35
Intérêt (hausse et baisse de l')................ n. 50, p. 19
Intérêts industriels................ n. 74, p. 32
Inventaire................ n. 61, p. 26; n. 69-71, p. 30
Jachère................ n. 214, p. 115
Jardins (compte des)................ n. 321, p. 189
Jardins (valeur des)................ n. 138, p. 69
Journal du bétail................ n. 300, p. 177
Journal de caisse................ n. 298, p. 176
Journal de la laiterie................ n. 300, p. 177
Journal d'observations................ n. 302, p. 178

Journal du travail............................... n. 301, p. 178
Journal des produits naturels.................... n. 299, p. 176
Journaliers...................................... n. 25, p. 10
Juridiction patrimoniale......................... n. 156, p. 79
Laiterie (journal de la)......................... n. 300, p. 177
Liberté industrielle............................. n. 59, p. 24
Liquidation (comptes de)......................... n. 329, p. 194
Littérature agricole..... n. 256, p. 147; n. 261-263, p. 150-153
Livre foncier.................................... n. 294, p. 175
Livre (Grand-)............................... n. 304-333, p. 179-197
Machines.. n. 22-24, p. 7-9
Magasin (comptes de)............................. n. 323, p. 190
Magasinier...................................... n. 281, p. 167
Main-d'œuvre........ n. 10-27, p. 3-11; n. 285-294, p. 168-173
Maïs (sucre de)................................. n. 345, p. 205
Manouvriers.................... n. 25-27, p. 9-11; n. 291, p. 173
Manufactures................................. n. 341-346, p. 202-206
Marais (terre de)............................ n. 127-131, p. 64-66
Marchandises agricoles (prix des)............ n. 75-101, p. 32-49
Marchandises d'agrément (prix des).............. n. 79, p. 34
Marchandises indispensables (prix des).......... n. 80, p. 34
Matériel brut (capital de)...................... n. 62, p. 26
Matières premières............ n. 6, p. 2; n. 7, p. 3; n. 81, p. 35
Métaux précieux................................ n. 41-48, p. 15-18
Métier... n. 253, p. 145
Mobilier..................... n. 61, p. 26; n. 69-71, p. 30
Monnaies....................................... n. 41-48, p. 15-18
Monnaie (céréales considérées comme), n. 14, 16-18, p. 4-6;
  n. 17-18, p. 17-18.
Moratoire...................................... n. 55, p. 22
Morcellement des propriétés........ n. 142, p. 71; n. 146, p. 73
Moulin... n. 341, p. 202
Moulin banal................................... n. 166, p. 87
Numéraire...................................... n. 41-48, p. 15-18
Observations (journal d')...................... n. 302, p. 178
Offre et demande............................... n. 78, p. 34
Oléagineuses (prix des plantes)................ n. 98, p. 47
Or... n. 41-48, p. 15-18
Orge (terres à)................................ n. 117-119, p. 58-60
Ouvriers.............. n. 25-26, p. 9-10; n. 282-294, p. 168-173
Pacage (droit de).............................. n. 172-174, p. 92-95
Paille (calcul de la récolte en)............... n. 192, p. 105
Paille (compte de la).......................... n. 324, p. 191
Pâturages (valeur des)......................... n. 136-137, p. 68-69
Pâturages alternes, n. 211-212, p. 113-114; n. 226 et suiv., p.
  125 et suiv.
Pâturages communaux............................ n. 172, p. 92
Pâturages permanents, n. 211-212, p. 113-114; n. 225 et suiv.,
  p. 124 et suiv.
Pâture (vaine)................................. n. 173, p. 93
Paysans.. n. 150-160, p. 81-83

Pêche.................................... n. 139, p. 69
Pièces (travail aux)............... n. 27, p. 11; n. 291, p. 173
Plan du domaine........................ n. 295, p. 175
Plantes intercalaires................ n. 242-244, p. 136-139
Plantes oléagineuses...................... n. 98, p. 47
Pommes de terre (eau-de-vie de), n. 248, p. 143; n. 343-344, p. 203-204.
Porcherie (compte de la).................. n. 326, p. 193
Porcs...................................... n. 202, p. 109
Potasse (fabrique de).................... n. 341, p. 202
Poterie.................................. n. 341, p. 202
Prairies................................. n. 145, p. 72
Prairies (compte des).................... n. 321, p. 189
Prairies (valeur des)............... n. 133-135, p. 67-68
Praticiens............................... n. 262, p. 151
Prêt.............................. n. 49-56, p. 19-23
Prêt hypothécaire............ n. 52, 54-56, p. 20-23
Prix des métaux précieux............ n. 45-48, p. 16-18
Prix vénal des terres.................... n. 109, p. 53
Produits animaux (prix des).......... n. 99-101, p. 48-49
Produits naturels (journal des)............ n. 299, p. 176
Produits ruraux (prix des)............. n. 75-101, p. 32-49
Produits ruraux (prix naturel des), n. 77, p. 33; n. 80-82, p. 35; n. 86-88, p. 38-39; n. 94-96, p. 43-45; n. 109, p. 49.
Produits ruraux (prix nominal des), n. 76, p. 32; n. 90, p. 40
Produits ruraux (prix réel des)...... n. 76, p. 32; n. 90, p. 40
Produits ruraux (prix vénal des)......... n. 77-101, p. 33-49
Propriétés (division des), n. 20, p. 7; n. 142, p. 71; n. 146, p. 73
Récoltes intercalaires................ n. 242-244, p. 136-139
Redevances............................... n. 167, p. 87
Rente foncière...................... n. 83-85, p. 36-37
Revenu net.......................... n. 39-40, p. 14-15
Roulement (fonds de)......... n. 61, p. 26; n. 72-74, p. 31-32
Salaire............................. n. 11-20, p. 4-7
Science..................... n. 1-3, p. 1-2; n. 253, p. 145
Seigle considéré comme monnaie............. n. 16, p. 5
Seigle (terres à)................... n. 123-124, p. 62-63
Service forcé............................ n. 164, p. 86
Servage............................ n. 163-165, p. 86-87
Servitudes............. n. 160, p. 82; n. 162-176, p. 84-97
Sociétés agricoles....................... n. 269, p. 159
Sol................................ n. 102-140, p. 50-70
Sol (capital du)................... n. 62-68, p. 26-29
Sol, élément de production.......... n. 6-9, p. 2-3
Sol (évaluation du)................ n. 66-68, p. 28-29
Soles.............................. n. 209-231, p. 113-145
Soles extérieures........................ n. 238, p. 133
Sous-régisseurs.......................... n. 280, p. 166
Sucreries................................ n. 345, p. 205
Surinventaire............................. n. 69, p. 30
Tabac (prix du)......................... n. 98, p. 47

 TABLE ANALYTIQUE.

Talent. . . . . n. 252-276, p. 145-165
Talent, élément de production. . . . . n. 6, p. 2
Taux de l'intérêt. . . . . n. 50-51, p. 19-20
Taxes d'affranchissement et d'émigration. . . . . n. 165, p. 87
Teneur de livres. . . . . n. 281, p. 167
Tenue des livres. . . . . n. 293-340, p. 174-201
Terrains bas. . . . . n. 112, p. 55; n. 127-131, p. 64-66
Terre tourbeuse. . . . . n. 130, p. 66
Terres (classification des). . . . . n. 102-140, p. 50-70
Terres (classification chimique et physique des). . n. 107, p. 52
Terres (prix des). . . . . n. 104, p. 50
Terres arables (classification des). . . . . n. 106-131, p. 54-66
Terres à avoine. . . . . n. 120-122, p. 60-62
Terres à froment. . . . . n. 113-116, p. 56-58
Terres à orge. . . . . n. 117-119, p. 58-60
Terres à seigle. . . . . n. 123-124, p. 62-63
Terres (morcellement des). . . . . n. 112, p. 71; n. 146, p. 73
Terreau, terre franche ou végétale. . . . . n. 177-181, p. 97-99
Terrier. . . . . n. 294, p. 175
Théoriciens. . . . . n. 263, p. 152
Tourbières (valeur des). n. 140, p. 70
Travail, n. 6, p. 2; n. 9-34, p. 3-13; n. 84, p. 35; n. 287-291,
   p. 171-173.
Travail aux pièces. . . . . n. 27, p. 11; n. 291, p. 173
Travail (division du). . . . . n. 22-24, p. 7-9; n. 289, p. 172
Travail (journal du). . . . . n. 301, p. 178
Travail (prix du). . . . . n. 11-20, p. 4-7
Travaux d'attelage. . . . . n. 28-32, p. 11-13
Travaux féminins. . . . . n. 283, p. 168
Trèfle cultivé sur les jachères. . . . . n. 221, p. 120
Tuileries. . . . . n. 341, p. 202
Vacherie (compte de la). . . . . n. 326, p. 193
Vaine pâture. . . . . n. 173, p. 93
Valeur comparative du sol. . . . . n. 102-140, p. 50-70
Valeur des métaux précieux. . . . . n. 45-48, p. 16-18
Vallée (sol de). . . . . n. 127-131, p. 64-66
Vergers (valeur des). . . . . n. 138, p. 69
Vers à soie. . . . . n. 349, p. 208
Viande (prix de la). . . . . n. 99, p. 48
Vinaigreries. . . . . n. 341, p. 202
Volaille (compte de la). . . . . n. 326, p. 193
Voyages. . . . . n. 268, p. 158

FIN DES TABLES.

DIJON, IMPRIMERIE DE DOUILLIER.